精美围裙自己做

The Perfect Apron

35款趣味横生易于制作的围裙

(英)罗布・莫瑞特　著
杨晓峰　张少伟　译

河南科学技术出版社
・郑州・

图书在版编目(CIP)数据

精美围裙自己做 /（英）莫瑞特著；杨晓峰，张少伟译.—郑州：河南科学技术出版社，2011.3
ISBN 978-7-5349-4777-3

Ⅰ.①精… Ⅱ.①莫…②杨…③张… Ⅲ.①服饰-手工艺品-制作 Ⅳ.①TS973.5

中国版本图书馆CIP数据核字（2010）第242237号

出版发行：河南科学技术出版社
地址：郑州市经五路66号　邮编：450002
电话：（0371）65737028　65788613
网址：www.hnstp.cn
策划编辑：刘　欣
责任编辑：刘　欣
责任校对：徐小刚
封面设计：张　伟
排版制作：崔艳慧　苏　真
责任印制：张艳芳
印　　刷：北京盛通印刷股份有限公司
经　　销：全国新华书店
幅面尺寸：210 mm×275 mm　印张：8　字数：150千字
版　　次：2011年3月第1版　2011年3月第1次印刷
定　　价：34.80元

如发现印、装质量问题，影响阅读，请与出版社联系。

目录
Contents

前言

Introduction

众所周知，围裙的历史像山川河流一样古老——人类始祖亚当和夏娃为遮盖自己的“隐秘处”就开始穿着围裙了。圣经中写道：“他们的眼睛睁开了，发现自己赤身裸体，于是就用无花果的叶子编织了围裙，穿在身上。”（《创世纪》第三章，第七行）

在近代，围裙一直被看做人们做家务事时必不可少的穿戴；而现在，围裙仿佛正在经历一场轰轰烈烈的复兴运动，围裙的情趣、实用和时尚使它已经成为妇女、男人和儿童的衣着佩饰，备受青睐。

对我而言，围裙是温馨、天真时光的甜蜜回忆。星期一洗衣、星期二熨烫、星期五垂钓、星期日宗教教育学校，在这些活动中围裙一直是我童年的一部分。无论是烤制面点、打扫卫生，还是做饭就餐，我的母亲、姨妈们这些家庭主妇都一直穿戴着漂亮的小围裙，围裙的口袋里通常装着一条镶着花边的手绢。我的祖母喜欢穿着一条20世纪三四十年代流行的直筒长围裙。那种围裙可以包裹全身，很好地保护衣服，即使她靠近胸前切面包也无所顾忌。我的家庭里老一代的妇女们穿戴围裙不仅仅是为了保护里面的衣服、擦拭一星半点汗水或是作为实用提袋去院子里晾衣服时携带晾衣夹，更是因为作为快乐的家庭主妇、温柔的母亲和宠物的饲养员，围裙

是她们最合适的日间衣着。

我希望这本书能够勾起你的美好回忆，能够给你灵感，作为一个开发自己创作力的跳板。我还希望书中的一些经济实用、活泼动人的围裙式样和基本技巧说明能够激发和鼓励那些第一次拿起针线的男女朋友开始自己动手缝纫。

记住，在开始缝纫之前，一定要使用别针或珠针固定，疏缝后再机缝，这样便于初学者缝纫。假如你打算认真地从事缝纫工作，那就应该购买一台锁边机，它可以在缝纫的同时整理衣物的边缝和缝份。有了锁边机，缝制的衣物看上去更加整齐、好看、专业，而且缝制衣物时很多地方都不做双折边。

祝你缝纫愉快！ Rob

精美的对褶围裙（第13页）

简约的条纹围裙（第10页）

别致的人字条纹围裙（第17页）

第一章

基本款式

简约的条纹围裙

这是一款专门为初学者设计的围裙。顾名思义，这款围裙制作相对简单。围裙选用的是质地坚固的条纹布料，把条纹横向使用颇有几分海滩风情。海蓝色的布条包边营造出大海的韵味，不经意间却增加了精美别致。穿着这款围裙在某个度假胜地参加一些愉快休闲的劳动，例如手持羽毛掸子给游艇清扫灰尘，或冲洗甲板，或在海滩上烧烤海鲜，再加上一句：“亲爱的，把盐递过来好吗？”那真是一种完美的生活方式！

制作材料：

围裙所需的50厘米×144厘米的质地坚固的条纹棉布

50厘米×144厘米的不同条纹颜色的布料，用以制作围裙口袋

190厘米×2.5厘米的斜裁布条

100厘米×2.5厘米的织带，用以制作围裙带

15厘米双面黏合衬

裁缝专用画粉

缝纫机

缝衣针以及合适的缝纫线

1.

首先制作围裙面。在质地坚固的条纹布料上裁剪出44厘米×58.5厘米的长方形。把裁剪好的布料平摊在工作台上，在44厘米宽的两个布边上分别扣上口径为14.5厘米的碗，沿碗边画出圆弧，再沿画线剪掉布料的两个角。

2. 参看第114页上的说明，在围裙布料的短边上制作双折边，先把布边向正面折出1.5厘米的折边，然后再向布料的反面折进去5厘米的折边。

3.

在不同条纹颜色的布料上裁剪出15.5厘米×44厘米的布料用以制作围裙口袋。参看第112页上的说明，用45厘米长的斜裁布条包裹口袋的长边。把口袋布放在围裙布的上面，围裙布料上方应留出15厘米。然后用珠针固定位置，量出围裙的中心线用珠针做标记。再用缝纫机沿中心线缝制，将口袋一分为二。最后在口袋上沿多缝制几针使其牢固不脱线。

4. 把用于制作围裙腰带的织带裁剪成两段，把一小段平行贴在围裙的反面，具体位置是从围裙上沿向下1.5厘米处。把围裙和织带的毛边整理好，用缝纫机缝制在一起。另一侧围裙腰带的制作方法相同。

5.

裁剪一条145厘米长的斜布条包裹围裙面料的其余三个边，制作方法参看书后的包边方法。包边时要注意把口袋以及围裙的毛边都要包裹在内，围裙上任何多余的针脚线头都不应暴露在外。

6. 使用第125页上的贴布图样，在布料上裁剪出船锚的贴布，然后按照第112页上的说明把贴布粘贴到围裙上。

精美的对褶围裙

这款围裙的设计灵感出自日本的和服。微微闪光的生丝面料，印花的裙边和裙身，再加上颇为夸张的蝴蝶结腰带，十分雅致时尚。下一次如果你有机会招待客人品尝日本寿司，不妨穿着这样的围裙，它会赋予你日式和服中所拥有的魅力，让你的客人惊叹不已。这款精美的、双面穿围裙融合了东西方两种文化的精华，很好地结合了西方简约活泼的外形和东方的古典风韵。

制作材料：

60厘米×112厘米的丝绸布料，用以制作围裙的主体、围腰和蝴蝶结

75厘米×112厘米的印花布料，用以制作裙边、围裙里子以及蝴蝶结

缝纫机

缝衣针以及合适的缝纫线

如果没有特别说明，缝份均为1.5厘米

1. 裁剪一块49厘米×81厘米长方形制作围裙的面子料，再裁出13厘米×81厘米印花布做围裙裙边，最后裁剪39厘米×81厘米丝绸布料做围裙的衬里。

2. 面料与衬里布料正面对正面放好，用缝纫机把围裙边布料的长边与面料和里料的长边缝制在一起。然后打开接缝熨平。

3.

面料与里料正面相对，把印花里料折叠压在面料上面，整理毛边，用珠针固定，然后机缝围裙的两个短边及围裙花边的一个长边。记住：另一侧围裙的长边暂时不要缝合。整理缝好的布缝，再把围裙的正面整体翻出。小心熨烫，确保围裙的棱角分明，里料与面料重叠平整。

4.

沿围裙的两侧和底边缝出一道线。在围裙和底边的连接处再缝上一道线，然后缝合围裙上方预留的开口，所有的毛边应包裹在内。这时围裙各层布料缝合完毕。

5.

下一步制作围裙中心的暗褶，从围裙布片的两侧向内量出23厘米，之后，在量出的两个点上再沿着折边和围裙上部的毛边量出8厘米，用珠针标注皱褶四个点的位置。从围裙的上部到底边打好四个垂直的折缝，用珠针分别固定，再用熨斗熨烫定型，最后机缝围裙的上边。

6. 裁剪15厘米 × 49厘米的丝绸布料做围裙腰带。再裁剪出两个11厘米 × 60厘米的丝绸布条做围腰上的蝴蝶结。围裙围腰的制作方法见第119页上的说明。

7.

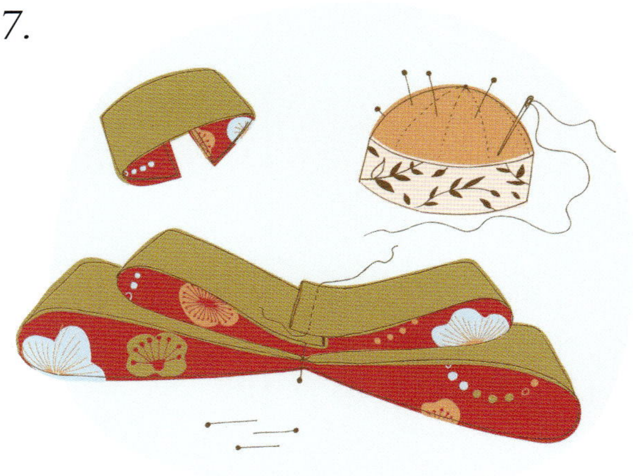

下面制作蝴蝶结。首先从印花布料上裁剪出一条7厘米 × 100厘米的布条，再从丝绸布料上裁剪出同样尺寸的布条。两个布条正面相对放好，再沿布料的长边缝制，两个短边暂时留口。从短边口把布带翻至正面，把缝边熨烫平整。在缝制好的布带上剪出16厘米长的布条暂时搁置一旁，剩余的布带向内对折，用珠针把中心点固定好。

8. 把折叠好的24厘米的布带放在围裙的暗褶中心线上，然后用机器缝纫。缝好后打开蝴蝶结的环，再打开中心线上的褶缝，连接处用机器缝纫。把布带的两端的毛边向内折，重叠5毫米压在中心线上，最后用机缝固定。

9. 把暂时搁置一边的16厘米的布带拿过来，呈环状缠绕在蝴蝶结上，在其后部缝针固定。用手工把蝴蝶结缝在围裙与围腰的连接处。

别致的人字条纹围裙

横条纹使人联想到欢快的大海，竖条纹看上去很严肃，还可让人显得苗条。然而，斜条纹却更能显得妙趣横生、潇洒飘逸。这是因为斜条纹仿佛能跟随身体的曲线变化，令人心神愉悦。为了获取意想不到的效果，这款斜条纹布料围裙在斜条纹处剪开，两块布料拼接在一起产生出Z形效果。斜条纹布料的图案越简单，缝纫剪裁时就越容易把它们搭配在一起制造出这种效果。

制作材料：

100厘米×112厘米的印花斜纹棉布料，用以制作围裙裙身、围裙上部围兜和口袋

310厘米×2.5厘米的斜裁布条，用以包裹围腰/腰结、上部围兜以及颈带

纸样

缝纫机

缝衣针以及合适的缝纫线

如果没有特别说明，缝份均为1.5厘米

1.

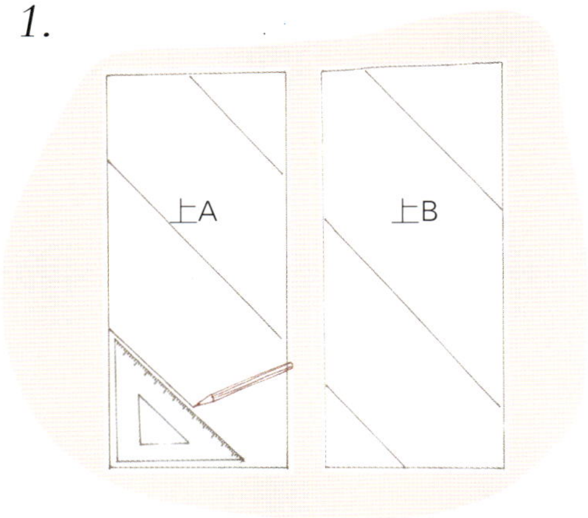

首先画围裙图样。在纸上绘制出两个18厘米×52.5厘米的长方形，然后裁剪。如图所示，在其中一个图样纸的短边处标注“上A”，在另一个图样纸上相同的位置标注“上B”。从底边的右侧开始呈45度角向左侧画线。

2.

然后画锥形围兜图样。在图样纸上画出边长25厘米的正方形，裁剪。把其中一边作为围兜的上端，两侧向内量出2.5厘米，从2.5厘米处向左右两侧底边画出两条斜线，剪掉线外的部分，让围裙图样呈锥形。

3.

把布料横向对折，确保布料上下以及两端的线条对齐。然后把画好的图样放在布料上，把图样上的斜线与布料上的条纹线对齐，再看看纸样下面的布料条纹是否对齐，最后用珠针固定，裁剪出两块围裙布料。

4.

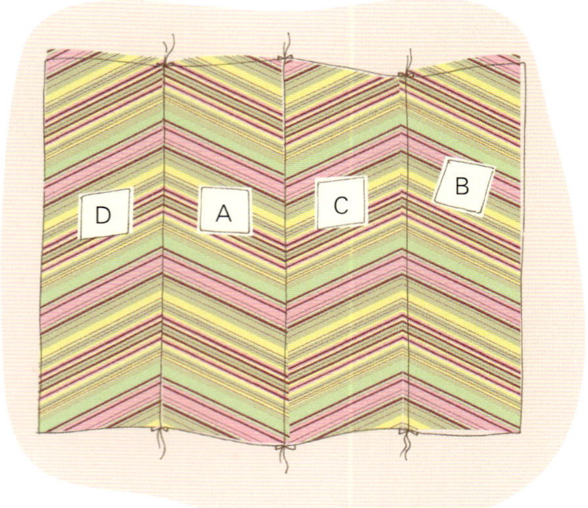

轻轻地把布料上的纸样揭开，注意不要挪动纸样下面的布料。在两块双层布料的右边那一块上用写有A字的小纸条标注，用同样的方法在左边的那块布料上标注C。下层布料采用相同的方法标注，一块标注为B，另一块标注为D。分开各个布片，正面朝上，在工作台上把布片排列成一行，顺序为：D、A、C、B。仔细把各个布片上的条纹对齐，然后疏缝固定。

5.

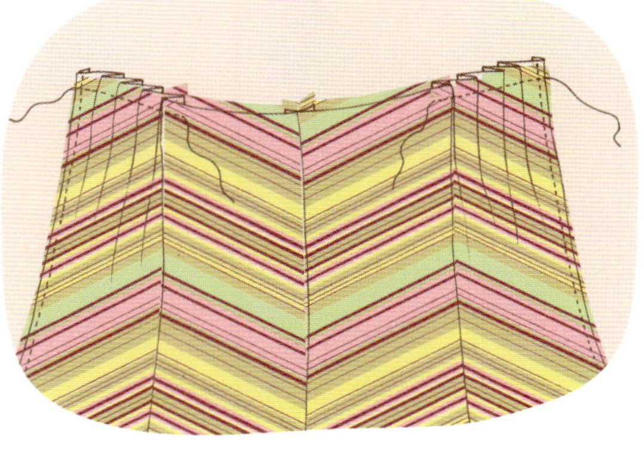

机缝固定，参看第114页上的说明把围裙的两侧边沿先折叠6毫米然后再折叠9毫米缝制成双折边。用同样的方法把围裙的底边每次折叠1.5厘米也缝制成双折边。在D和B布片上端打4个1.5厘米的褶，然后在毛边内5毫米处机缝固定。然后开始制作围裙上面的围兜，把纸样放在布料上，布料上的条纹垂直摆放，裁剪布料。

6.

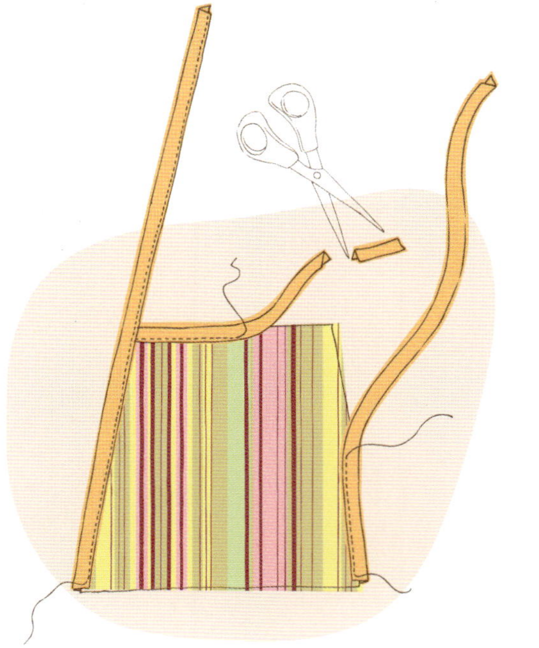

从斜裁面料上剪掉20厘米长的布条用以包裹围兜的上边沿，包边的方法参看第112页上的说明，包边时应一边操作一边整理线头。接下来裁剪两条70厘米长的斜裁布条用以制作围兜两侧包边以及颈带。疏缝固定包边布条，再机缝，注意布边交叉处应重叠。

7. 围兜的反面对着围裙的反面，毛边对齐，先用珠针和疏缝固定，最后在距边缘5毫米处机缝。

8.

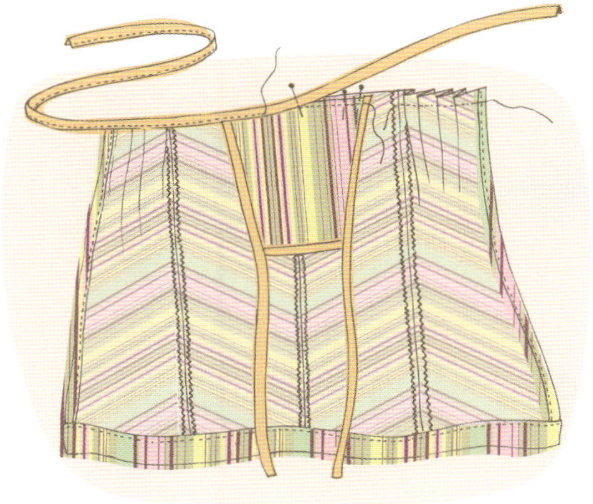

现在开始制作既实用又美观的围腰。剪一条150厘米长的斜裁布条，对折，用珠针标注中心点。把围裙和围兜的毛边整理好包在布条内，注意：珠针标注的布条的中心点应该与围裙前部的中心点对齐。疏缝固定布条的开边，然后机缝整个包边布条，同时连接围兜与围裙并完成布边包裹，最后把布条等两端折叠缝纫，打理整齐。

9. 制作围裙上的口袋。在剩余的条纹布料上裁剪13厘米 × 17厘米的布片，布料上的条纹应斜着摆放。口袋布片的一个短边向内折叠1.5厘米，再折叠2厘米做成双折边，疏缝固定，再机缝。其余的三个边向内折叠1.5厘米并熨烫平整，用珠针固定，疏缝，尽量把口袋上的条纹与围裙上的条纹对齐，最后沿口袋边缝纫完成制作。

卡里普索风情围裙（第30页）

中国龙图案围裙（第34页）

红唇图案围裙（第23页）

康邦街围裙（第24页）

巴黎风情围裙（第26页）

鸡尾酒会围裙（第28页）

第二章

厨房里的时装

红唇图案围裙

具有戏剧效果的红唇贴布把这款筒筒单单的围裙变成了一件艺术品。性感红润的嘴唇贴布覆盖在围裙的前部，让人不禁想起画家萨尔瓦多·达利以及时尚设计师艾尔萨·西雅帕列利那机智诙谐、不落俗套的超现实主义设计。这款围裙还是情人节非常理想的礼物。因此奉劝所有的男士，马上报名参加缝纫学习班，学习制作这款围裙。

制作材料：

75厘米×122厘米的黑色棉布，用以制作围裙的裙身、花边、裙带和裙带结

3块10厘米×110厘米的色调鲜艳的棉布，用以制作围裙上的贴布画

225厘米×2.5厘米的缎带

25厘米长的双面黏合衬

纯棉绣花线

缝纫机

缝衣针、缝纫线

如果没有特别说明，缝份均为1.5厘米

注意：
准备一把锋利的绣花剪刀以修剪唇形贴布的毛边

1.

围裙图样见书后的纸型A面。把图样用珠针固定在纯黑色的棉布料上，裁剪。在围裙上部边沿两侧向内10厘米处各打一个2.5厘米的褶，褶皱均翻向围裙的中心。这样，围裙上部的毛边只剩下38厘米，用珠针固定后用机器缝制围裙上部边沿以及褶皱。

2. 接下来制作唇形贴布。先把第124、125页上的纸型摆放在纸上，然后绘图裁剪。贴布的制作参看第112页上的说明。

3. 裁剪3条6厘米×77厘米的纯黑色棉布条做装饰围裙的荷叶边。把3个布条用机缝连接成一个长布条。在布条上锁边或使用锯齿针法缝纫，防止布条须边。

4.

按照第112页上的说明用225厘米长的缎带对围裙的荷叶装饰布条进行包边。然后按照第114、115页上的说明对布条的另一个长边进行打褶处理。把处理好的装饰边与围裙的正面相对沿整个围裙边摆放好，整理好毛边，用珠针以及疏缝法固定，最后用机缝。

5. 裁剪一条15厘米×49厘米的长方形布料做腰带。再裁剪两条9厘米×48厘米的布条做腰带结。围腰及腰带制作方法见第119页。

6.

最后选用色泽鲜明的全棉绣花线，从围裙的右边开始沿着围裙与装饰花边的接缝手工缝一条装饰线。

康邦街围裙

为了对可可·香奈儿表示敬意，这一款20世纪50年代风靡一时的围裙借用了一些香奈儿产品的商标风格，主要表现在包边布料与围裙布料颜色的反差，以及毛衣开衫上常用的双侧口袋上。假如你确实想尽力追求完美，可以在围腰上加一条常见的金链子。在制作围裙包边的时候，一定要慢工细活，细腻整齐的针脚对制作这款围裙来说至关重要。虽然这款围裙漂亮实用，裙身上还有两个口袋，但这款围裙并不适合用来擦手。

制作材料：

50厘米长×110厘米的亚麻布料，用以制作围裙以及口袋

318厘米×2.5厘米与围裙布料有色差的织带，用以包边和制作腰带

两颗装饰用金色纽扣

缝纫机

缝衣针、缝纫线

如果没有特别说明，缝份均为1.5厘米

注意：
米黄色的围裙配上红色的包边用的织带将会是另一个别致的色彩搭配选择

1.

首先制作裙身。在亚麻布料上裁剪一块41.5厘米×53厘米的长方形。把布片的正面朝上摆放在工作台上，把布片的一个长边和两个短边向内折叠1.5厘米，熨烫压平。剪一条128厘米长的织带沿着围裙折好边的三面摆放好，应确保所有的边角都整理整齐，用机缝把织带包裹在围裙的三个边上。

2. 选用第126页上的口袋纸型，把纸型摆放在双层亚麻布料上，用珠针固定，然后裁剪出两片口袋。

3.

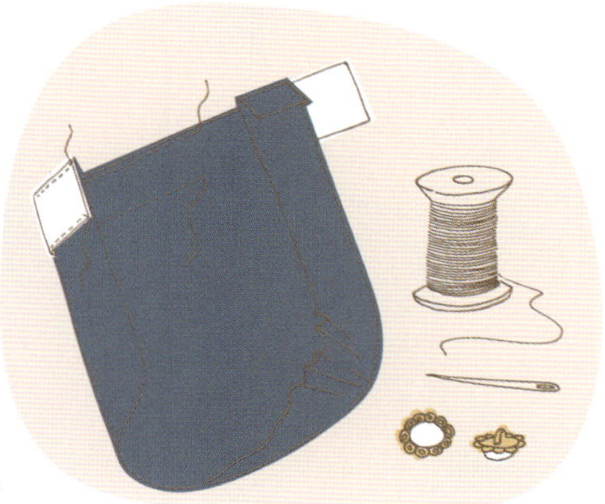

把口袋上部边沿向正面折叠1.5厘米，熨平。再裁剪13厘米长的织带，平放在口袋上沿的折边上，口袋与织带的两条边对齐，然后缝纫到位。用同样的方法做另一个口袋。接下来把两个口袋各剩余的三条边向反面折叠1.5厘米，注意把口袋圆角处整理整齐，用蒸汽熨斗压平。现在可以把处理好的口袋摆放在围裙上部，疏缝固定，再机缝固定，针脚要尽量贴近口袋边沿。最后在每个口袋贴边的中心位置各缝上一颗装饰纽扣。

4.

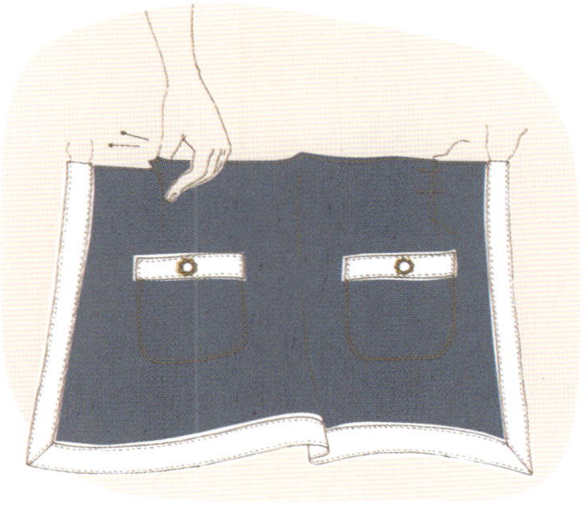

垂直对折围裙，找到围裙的中心线并用珠针做记号。从中心线向外伸12厘米处的双层布料的毛边上剪一个牙口，然后打开围裙，在两个牙口处各打一个2厘米的褶皱。用珠针固定褶皱，紧贴着褶缝向下缝制一条3.5厘米长的线。另一条褶的做法相同。

5.

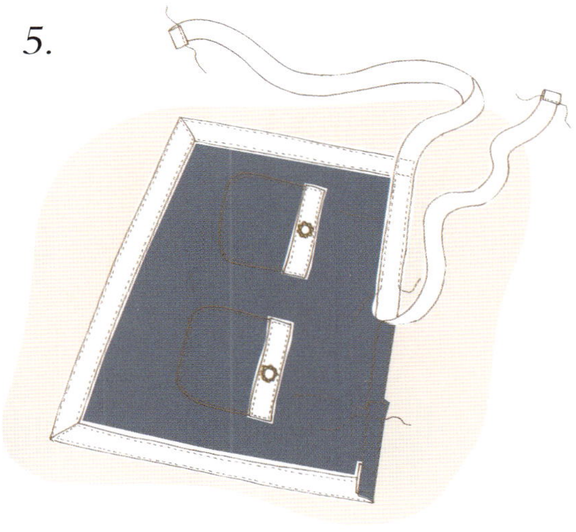

把围裙顶部的毛边向正面折1.5厘米，熨平。裁剪一条164厘米长的织带，量出中心点并标注。把织带的中心点与围裙的顶部的中心线对齐，摆放整齐。用珠针固定，疏缝，再机缝，缝纫针脚应尽量贴近织带的布边。缝制腰带的两端时应来回交叉缝线加固。最后参看第114页上的说明做腰带结两端的折边。

巴黎风情围裙

很久以前，在维也纳的一家咖啡馆里，一名给我端咖啡的女服务生穿的一件漂亮围裙给了我灵感，因此设计了这款玲珑小巧的围裙。虽然这款围裙的设计理念来自奥地利而不是法国，但是其娇艳的短裙、活泼动人的围兜以及精致的镂空花边都会令人想起往日快乐的巴黎人客厅里的女佣。这款围裙既漂亮又实用，轻巧灵便，是理想的家庭服饰，穿着它在家里干点轻松的家务活十分惬意。

制作材料：

55厘米×140厘米的印花棉布，用以制作围裙的裙身、围兜和腰带

368厘米×4厘米的镂空棉布花边

140厘米×1.5厘米的织带，用以制作围裙的颈带

纸型

画粉

缝纫机

缝衣针、缝纫线

如果没有特别说明，缝份均为1.5厘米

1. 在印花棉布上裁剪31厘米×59厘米的长方形布片做围裙的裙身。把布片平放在工作台上，让其中一个49厘米的长边靠近自己，然后将直径为14.5厘米的碗扣在布片的两个边角上，沿碗边画弧线，沿弧线裁剪，剪掉线外的余角。再在另一个49厘米的长边的两侧分别打上3个1.5厘米的褶，褶子间的距离应匀称。机缝固定褶皱，缝线距毛边1厘米。

2.

裁剪一条220厘米长的镂空花边，参看第114页上的手工打褶的说明或参看第115页上机缝打褶的说明，用手工或机器给花边打褶，打褶后长度减掉一半。花边的正面与围裙的正面相对放好，毛边对齐，用珠针固定，疏缝，最后用机缝。在布边上锁边或使用锯齿针法缝纫，防止布丝脱落。把围裙熨烫平整，沿着裙身与花边的交汇处缝一道线。

3. 现在制作围裙上半部的围兜。先在图样纸上画一个26.5厘米×28厘米的长方形，裁剪。把长方形的一条短边当做围兜的顶部，从两侧分别由外向内量3厘米，再从这两个3厘米处分别向右下角和左下角画两条斜线，剪掉线外的部分让围兜呈锥形，再使用小口杯的杯口做模子画线，剪掉围兜顶部的两个角使围兜两侧呈弧形。

4.

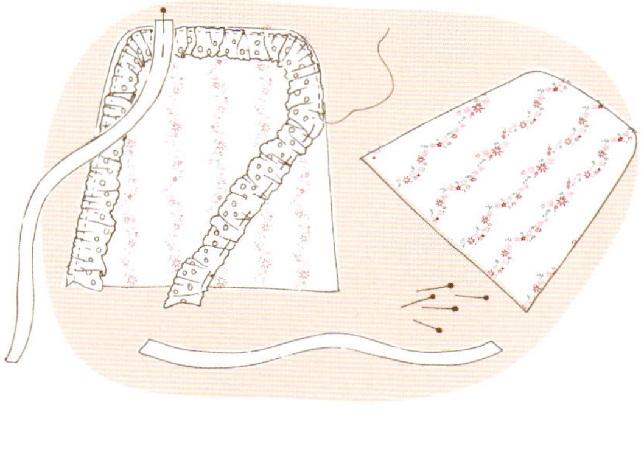

图样制好后，把剩余的布料双层叠好，放上图样用珠针固定，裁剪这两块围兜布片。裁剪一条148厘米长的镂空花边，用缩缝方法打褶，使花边的长度仅剩一半。取其中一个围兜布片正面向上，用抽好褶的花边围绕围兜的三个边，用珠针固定，疏缝，再用机缝。剪两条70厘米长的织带，织带的一端缝在围兜顶部的两侧。再取另一块围兜布片，正面相对放在第一块围兜布片上，把花边与颈带夹在其中，整理好毛边线头，用珠针固定，疏缝，最后机缝。整理好所有的缝线，围兜两侧的边角应圆滑流畅，再把围兜的正面翻出来。熨烫平整，最后沿围兜与花边的接缝处缝一条线。

5.

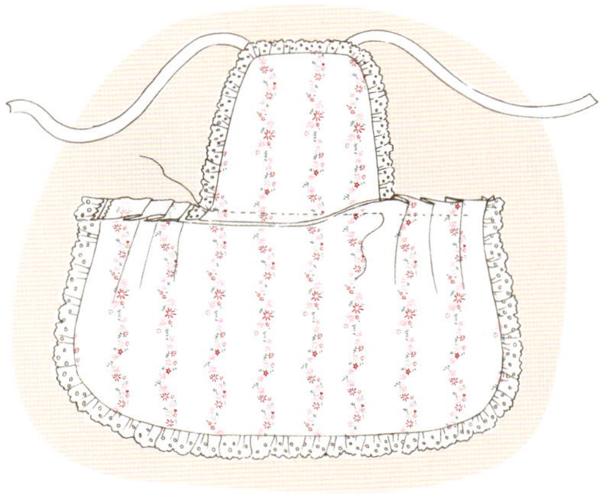

把围裙裙身和围兜对折找到其中心点，在中心点处剪一个牙口。然后把围兜摆放在围裙上，布料的反面相对，让两个中心点的牙口对齐并整理好毛边。用珠针固定，疏缝，再用机缝，线外应留出1.5厘米的布边。

6.

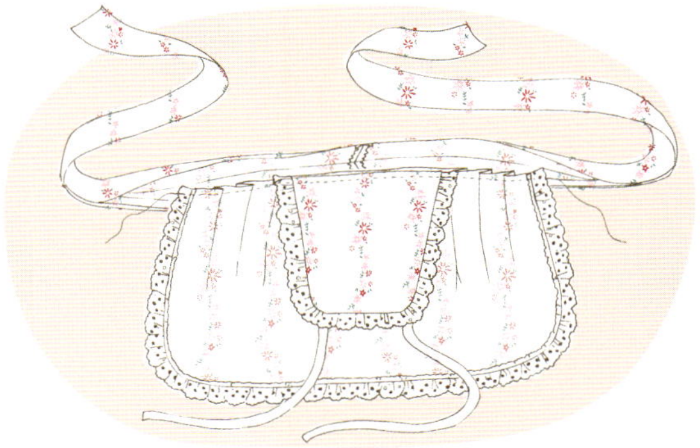

在印花布料上裁剪两条9厘米 × 78厘米的布条用以制作围腰，它既是围腰又可以打理成腰带。两个布条正面相对缝在一起，做好的腰带长度为153厘米。最后按照第118页上的说明制作双层围腰和腰带合二为一的围腰，缝在围裙和围兜上。

鸡尾酒会围裙

穿着这条迷人的羽绒般的小围裙，让自己在宴会上做一个最佳女主人吧。这款围裙闪闪发光，里面再配上一条黑色的裙子，在宴会上一亮相，绝对魅力四射，回头率极高。围裙上精美的蝴蝶结更彰显了设计师的独特匠心。在一些比较普通的场合，你可以把表面的鸡尾酒主题盖布翻过来，露出色泽较为暗淡、沉稳的那一层，使布料上的光泽柔和。

制作材料：

50厘米×112厘米织有金银丝浮花的锦缎，用以制作围裙的裙身和围腰

60厘米×112厘米的透明薄织物布料，用以制作裙身和腰带

76厘米×2厘米的宽绸带

缝纫机

缝衣针、缝纫线

如果没有特别说明，缝份均为1.5厘米

1. 在金银丝浮花锦缎上裁剪一块37.5厘米×56厘米长方形布片，再在透明薄织物布料上裁剪一块40.5厘米×56厘米的长方形布片。参看第114页上的说明做双折边，在这两个布片的两侧短边及一个长边上做双折边，折边的宽度均为1.5厘米。

2. 用纸描下第120页上的口袋图样并剪出。使用口袋图样在锦缎上裁剪两个口的布片，再在透明织物布料上裁剪两个口袋布片。一个锦缎布片加一个透明织物布片可以制作一个口袋，参看第115页上的说明缝制两个口袋。然后把制作好的一个口袋摆放在锦缎裙身布片的右面，用珠针固定，疏缝，再机缝固定。缝制时针脚应尽量贴近口袋布边。透明织物布片口袋的做法相同。

3.

把锦缎围裙布片平放在工作台上，布的反面朝上。把透明织物围裙布片整齐地摆放在锦缎布片上，布的正面朝上。整理好毛边线头，用珠针固定，疏缝，再用机器缝制围裙的顶端线，应留出5毫米的毛边。缝制好再抽线打褶，参看第114、115页上的说明，做好后，围裙的上部边沿仅剩36厘米。

4.

在锦缎布料上裁剪一块13厘米×39厘米的长方形布片，参看第117页上说明制作围腰，用珠针把还未缝制的围腰布的正面固定在这个双层围裙的锦缎布料那一面。

5.

裁剪两条13厘米×63厘米透明织物布条做围腰结。布条的长边折成双边，先折叠宽5毫米的布边，再折叠12毫米即可。用珠针固定，疏缝，再机缝，针脚应尽可能地贴近折叠的布边。布条的一个短边用同样的方法缝制。把另一条还没有卷边的短布边用重复折叠的方法分成三等份，用珠针固定在围腰的内侧，然后垂直机缝固定，整理好布边，再把围腰结翻过来，机缝，注意腰带应覆盖住刚才用来固定的针脚。使用同样的方法制作另一条围腰结。

6. 裁剪两条32厘米长的缎带和两条6厘米长的丝带，参照第113页上的说明，制作两个蝴蝶结，用手工把蝴蝶结缝到两个口袋上。

卡里普索风情围裙

这是一款令人为之倾心的围裙，它的设计受到了温暖的热带风情的影响。南亚妇女的披纱，马来人的裙子都赋予设计师创作灵感。丰富的色彩，组合的图案，三件套式的长款围裙仿佛立刻把你带到了热带天堂。在热带地区的沙滩上或湖泊旁，当你游泳上岸后，这款围裙可易如反掌地变成泳后休闲服。醒目的圆点花样布料、结实的马德拉斯方格布料、异域风情的丛林花草印花布、印度尼西亚蜡染布料、氏族部落风格的条纹布料都集中在一款围裙上，鲜艳夺目，热情奔放。然而，所有的颜色和方格同时又整体凸显了一种或两种主色调，给这款围裙增加了几分简约色彩，其最终穿戴效果更具小丑可可的服饰风格，而非那种落难之人胡乱拼凑在一起的着装风格。

制作材料：

50厘米×112厘米的大胆奔放的热带花卉印花布

50厘米×112厘米的细枝小花印花布

55厘米×112厘米的马德拉斯方格布

50厘米×112厘米的圆点花样布

50厘米×112厘米的两块色差较大的纯色布料

500厘米×2.5厘米的斜裁布条，用以制作腰带

112厘米×2.5厘米的斜裁布条，用以制作袖笼包边

缝纫机

缝衣针、缝纫线

如果没有特别说明，缝份均为1.5厘米

1.

在热带花卉印花布料上和细枝小花印花布料上各裁剪一块48厘米×58厘米的长方形布片。把这两个长方形的布片反面相对摆放好，选用书后的衣服前襟图样C，把图样用珠针固定在布片上，然后裁剪。

2. 在一块纯色布料上和马德拉斯方格布料上各裁剪一块43厘米×55厘米的长方形布片做围裙的左上方和左前方裙身。在圆点花样布料上和另一块纯色布料上各裁剪一块45厘米×55厘米的长方形布片做围裙左下方和右前方裙身。

3.

在马德拉斯方格布料上裁剪一块52厘米×54厘米的长方形布片，手持布片的短边，让布料反面相对，把布片对折。选用书后的衣服后襟图样C，把图样用珠针固定在布片上，然后裁剪。

4. 在细枝小花印花布料上裁剪一块43厘米×51厘米的长方形布片做围裙的后裙身上片。之后，在热带花卉印花布料上裁剪一块45厘米×51厘米的长方形布片做围裙后裙身的下片。

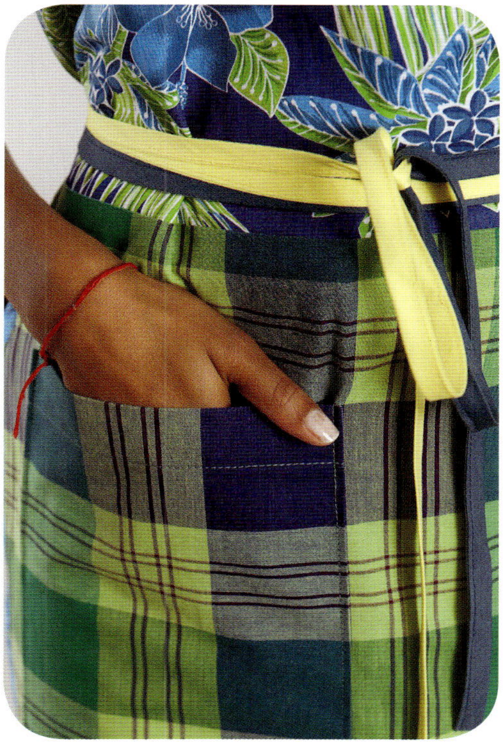

5.

把围裙的两个前襟布片和4个宽度为55厘米的布片如图所示摆放在一起。再把围裙的后襟以及两个宽度为51厘米长方形布片如上图所示摆放在一起。

6. 裁剪一块21厘米×28厘米的长方形布片做围裙的贴袋。参看第114页上的说明，把贴袋的顶端向下折叠2.5厘米的布边，折叠两次成双折边。贴袋其余的三个边向内折叠出1.5厘米，用珠针固定，疏缝，然后把贴袋缝制在围裙前部右上方的中央。

7.

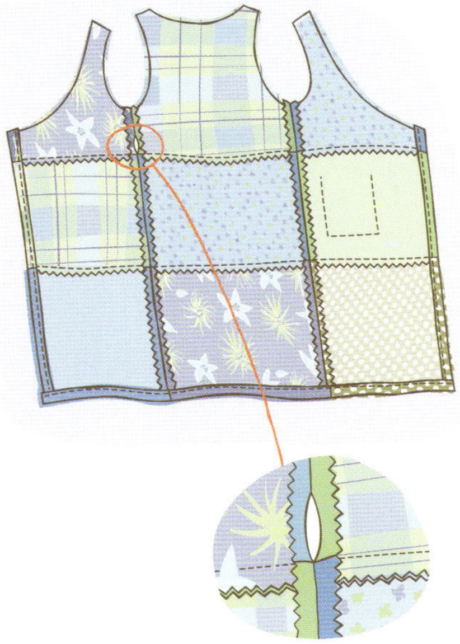

让布片的正面相对，把围裙的右前片与围裙的后片缝合连接，缝合时留出一个3厘米的开口（用以穿插围裙腰带）。开口的位置在围裙裙身的上片与前襟的交汇处。然后把围裙的左上片与围裙的后片正面相对机缝连接。

8. 把围裙的左前片、右前片的垂直毛边，以及围裙的底边向内连续折叠1.5厘米做成双折边。

9.

裁剪两条250厘米长的斜裁布条，连接在一起。把布条的连接处对准围裙颈后部的中央，然后参看第112页上的说明，把围裙的左右两片前襟沿曲线使毛边整齐地包裹在斜裁布条里面。用珠针固定，把包边整体疏缝，最后机缝固定。围腰布条的两端折边缝合。

10.

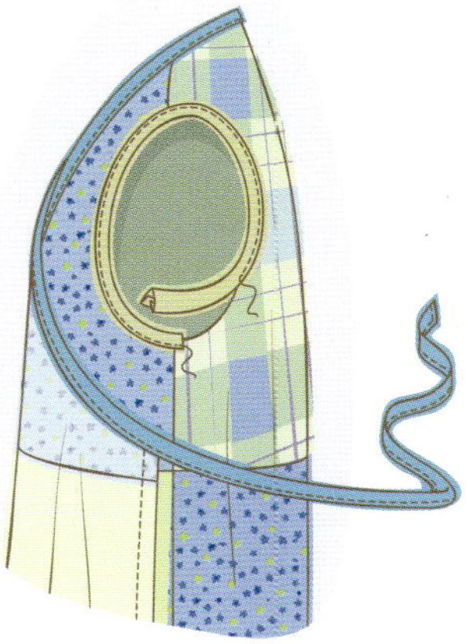

使用56厘米长的斜裁布条包裹围裙的两个袖笼，应确保所有的毛边线头都包在布条内。

11. 用剩余的斜裁布条做一个小腰带环（用以固定腰带），把腰带环缝制在围裙背后中间点裙身与围裙的上衣片的连接处。

中国龙图案围裙

古瓷色调的淡蓝色与白色搭配，也许在这款东方韵味的围裙上没有高贵的皇家红色或金黄色那么醒目耀眼，但其效果同样惊人，看到这款雅致的围裙就能使人联想到充满魅力的东方古国的历史、传统和文化。这款围裙的腰饰具有印度服饰风格，因此它也体现了文化的融合。然而，最引人注目的还是围裙上两条栩栩如生、相互缠绕的龙，围裙的抽褶饰带增添了围裙整体那种富丽堂皇的神韵。

制作材料：

古色古香的龙图案旅游衬衫一件（XL号）

60厘米×112厘米的纯色布料，用以制作围裙的腰饰和腰带

150厘米×2厘米的斜裁布条

缝纫机

缝衣针、缝纫线

如果没有特别说明，缝份均为1.5厘米

1. 拆剪衬衫后片上的图案部分，用蒸汽熨斗熨烫平整。选用书后纸型A面的围裙图样，摆放在熨烫好的衬衣后片上，用珠针固定，然后裁剪。

2.

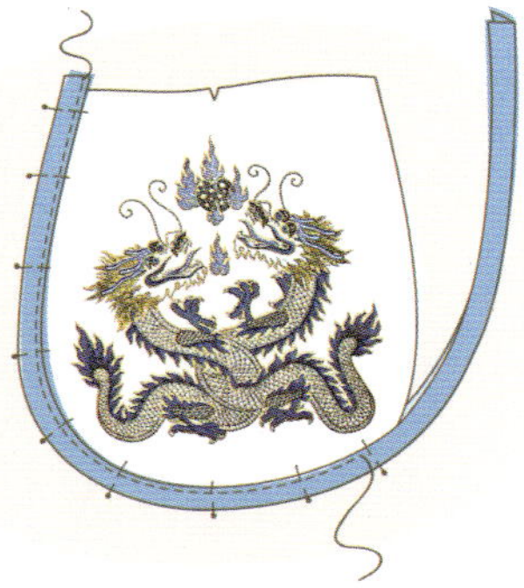

将150厘米长的斜裁布条纵向弯曲折叠，边折边用熨斗压平。参看第112页上说明，用布条整体包裹围裙的毛边。

3. 在纯色布料上裁剪一块27厘米×43厘米的长方形布片做围裙的褶皱腰饰，再裁剪两块11厘米×43厘米的布条做腰饰的里衬及围腰。

4.

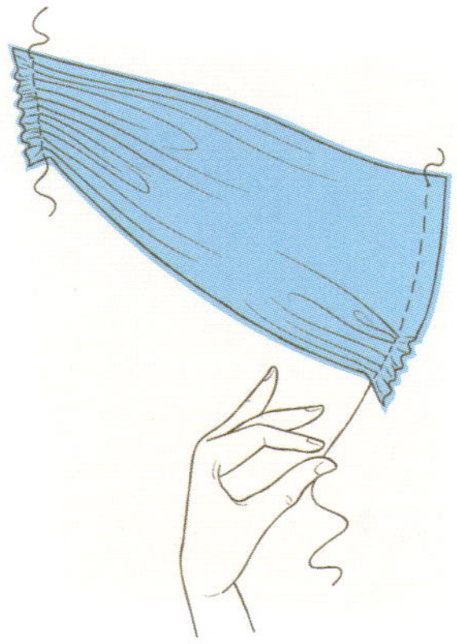

在制作腰饰的布条的两端向内量出1.2厘米，在此处缝线抽褶，抽好褶皱后，其宽度应为8厘米，还要保证抽好褶皱的腰饰两端比围裙的尺寸短1.5厘米。

5.

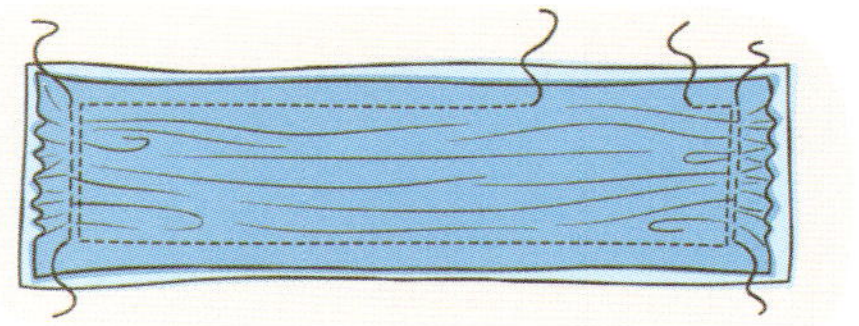

把制作好的腰饰反面相对摆放在腰饰里衬布片上，整理毛边，用珠针固定，疏缝，再把两个布片机缝在一起。

6. 在纯色布料上裁剪两个15厘米×70厘米的布条做围腰，参看第119页上腰带制作步骤缝制两条腰带。

7.

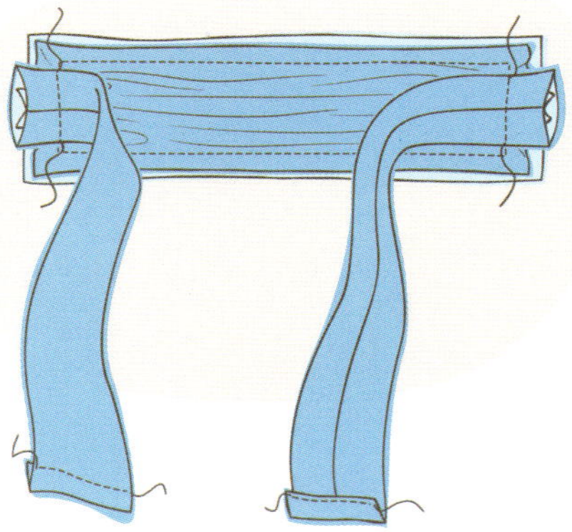

腰带的一端的正面对着腰饰正面的一端，用珠针固定，然后机缝。用同样的方法把另一个腰带也缝制到位。

8.

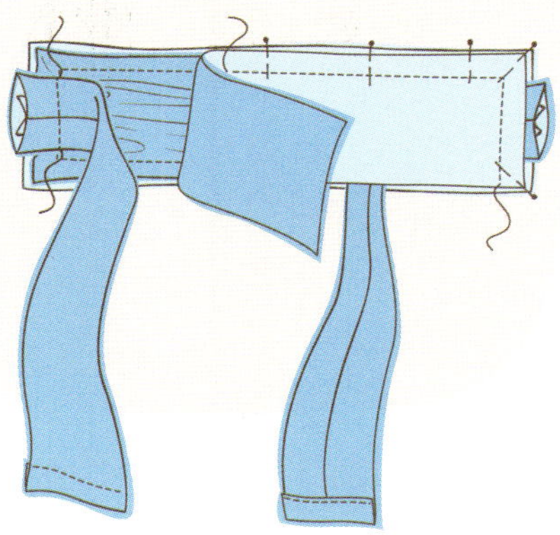

腰饰里衬的正面对着腰饰布的正面，整理好毛边，用珠针固定，疏缝，然后机缝腰饰的左右两个边以及上边沿，下边沿暂时不缝。

9. 按照第117页上的围腰制作的步骤3和5，把腰带连接到围裙上。

威尼斯假日风情围裙（第44页）

水果拼盘图案围裙（第47页）

儿童小围裙（第42页）

紫红色褶裥花饰围裙（第54页）

花瓣魅力围裙（第52页）

吉卜赛激情围裙（第39页）

夏威夷热带风情围裙（第50页）

第三章

温馨家居围裙

吉卜赛激情围裙

这款娇美的长围裙加了一条荷叶花边，花边直至围裙背后的臀部，使围裙看上去艳丽动人。围裙的裙身选的是圆点花纹布料，荷叶边用的是红布条包边，再加上一个心形的贴兜，看上去顿时让人激情四射，热情奔放，使人联想到安达卢西亚的吉卜赛人跳的弗拉明戈舞蹈。

制作材料：

100厘米×112厘米的圆点花纹布料，用以制作围裙的裙身、荷叶花边及口袋

755厘米×2.5厘米的红色斜裁布条

16厘米×16厘米的中厚黏合衬布料

缝纫机

缝衣针、缝纫线

如果没有特别说明，缝份均为1.5厘米

1. 选用书后纸型的图样D以及第120页上的口袋图样4，把图样摆放在圆点花纹布料上，用珠针固定，然后裁剪。再在剩余的圆点花纹布料上裁剪3个6.5厘米×100厘米布条做花边，锁边或用锯齿裁剪法处理布条毛边，以防布丝脱落。

2. 按照第112页上的说明，裁剪一条294厘米长的斜裁布条，把准备用以制作荷叶边的布条的一侧包边。另一侧则需要用手工或用机器抽褶皱，做法参看第114、115页上的说明。抽好褶皱的花边应为136厘米长。

3.

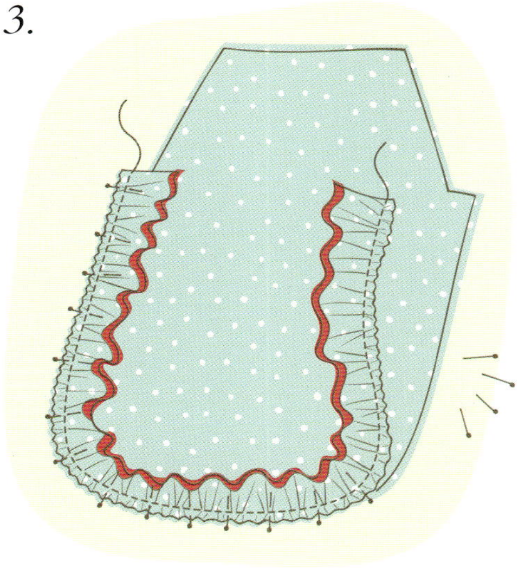

花边的正面对着围裙裙身的正面，沿曲线整理好毛边，用珠针固定，疏缝，然后机缝。用锁边针法或用锯齿裁剪法处理布条毛边，以防布丝脱落。

4. 用一条较短的斜裁布条对围兜的顶部包边。整理好布边及线头，使围兜的对角线相称。

5.

下面制作围裙的二合一颈带及腰带。先把300厘米长的斜裁布条的边折好，边折边用蒸汽熨斗轻轻地熨烫。把布条的两端对齐，找到布条的中心点，用珠针做标记。沿中心点向两侧各量出34厘米的长度，这两个点也是用珠针做标记。接下来把合二为一的颈带和腰带连接到围裙上，布条中心点向外两侧用珠针标记的点应该位于已经包好边的围兜上沿两个拐角处，围兜上边两个拐角处多余的布边应该整齐地包裹在布条内，整理好之后用珠针固定。

6.

把围兜左右两个边和荷叶花边的短边也包裹在布条内，用珠针固定，把包边的布条整体疏缝，最后用机器一次缝制完毕。腰带的两端进行折叠缝制处理。

7.

在中厚黏合衬上裁剪口袋，再把黏合衬粘贴到口袋布料的背后。用斜裁布条对口袋进行包边，包边时要注意保持心形的曲线。

8. 裁剪两个30厘米长和两个5厘米长的斜裁布条用以制作十字结。十字结的做法参看113页上的说明。两个十字结做好后，一个固定在围兜上，另一个固定在口袋上。

9. 把口袋用珠针固定在围裙上，疏缝，多余的包边布条要塞进口袋里面。最后把口袋机缝在围裙上，缝制时先缝制口袋布边起点的来回针脚，然后在原有的针迹上再缝制一道线。最后在另一端也要多缝几针。

儿童小围裙

当孩子在厨房里帮助大人做饭时，穿着这款活泼可爱的长围裙再合适不过了。假如选用一些带有糖果或棒棒糖图案的布料来制作这款围裙，则更显得童趣盎然。围裙的前部有一个美丽的贴兜，里面可以装进擀面杖或小刀，方便实用。

制作材料：

45厘米×50厘米的印花布料，用以制作围裙的裙身

20厘米×25厘米与围裙布料的颜色有反差的印花布料，用以制作口袋

15厘米×114厘米的条纹布料，用以制作花边

250厘米×2.5厘米的斜裁布条

缝纫机

缝衣针、缝纫线

如果没有特殊说明，缝份均为1.5厘米

1. 选用书后纸型的图样C，把图样用珠针固定在印花布上，裁剪。再选用书后纸型的口袋图样C，把图样用珠针固定在口袋布料上，裁剪。在条纹布料上裁剪两个6.5厘米×76厘米布条制作围裙花边使用。把两个布条接起来，变成一个长布条。锁边或用锯齿裁剪法处理布条毛边，以防布丝脱落。按照第114页上的说明把布片的长边制作成双折边，每次折5毫米。

2. 按照第114、115页上的说明用手工或用机器给用以制作花边的布条的一个长边抽褶皱，抽好褶后布条的长度应为65厘米。把花边布条的正面沿曲线与围裙布料的正面对齐，整理好毛边，用珠针固定，疏缝，然后机缝，锁边或用锯齿裁剪法处理布料的毛边，以防布丝脱落。

3. 按照第112页上的说明，用一条长18厘米的斜裁布条包裹围兜顶端布边。整理好毛边及线头，让围兜的对角线匀称。

4.

下面制作围裙的合二为一的颈带腰带。先把185厘米长的斜裁布条的边折叠好，边折边用蒸汽熨斗轻轻地熨烫。把布条的两端对齐，找到布条的中心点，用珠针做出标记。沿中心点向两侧各量出一个20厘米的长度，这两个点也用珠针做标记。把布条的这两个点分别与围兜包好边的上沿的两个角对准，再把围兜边角多余的布边包裹在布条内，整理好之后用珠针固定。

5.

把围兜两侧布边以及围裙花边的布边都整齐地包在布条之内，用珠针固定，疏缝，再一次性机缝到位，完成包边。最后把腰带的两端分别折边缝制。

6.

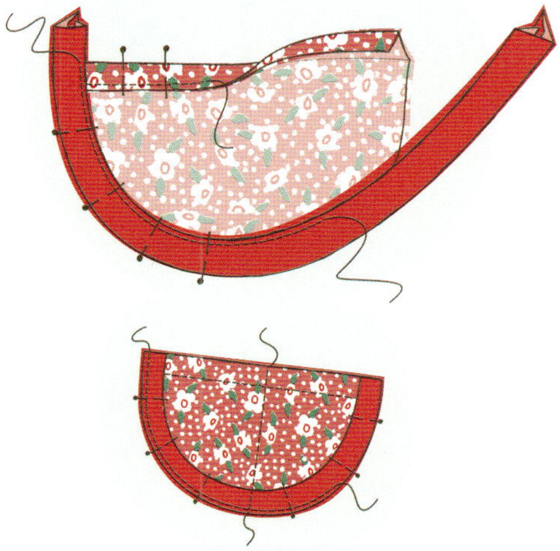

接下来在口袋布料的上端制作双折边，每次折叠1.5厘米。按照第112页上的说明用斜裁布条给口袋包边，注意保持口袋的曲线。沿口袋的边沿把口袋缝到围裙上，确保线头布边包进布条内。在口袋的上边多缝几针加固。最后找到口袋的中心点垂直缝制一条线，让口袋一分为二。

威尼斯假日风情围裙

这款围裙设计洋溢着吉卜赛人的热情，动感十足。围裙布料的图案上，枝叶繁茂，色彩明快，威尼斯运河上的小船冈多拉和流光溢彩的圣马可广场，美丽的围裙仿佛是一首威尼斯哈里酒吧的赞美诗。深深的领口，简洁的下摆，看到这款围裙，即使是最需要减肥的意大利面条的热爱者也抵御不住美食的诱惑。

制作材料：

65厘米×90厘米的民风民俗图案的印花布料，用以制作围裙的裙身及口袋

15厘米×112厘米的斑点图案的布料，用以制作花边

565厘米×2.5厘米的斜裁布条

缝纫机

缝衣针、缝纫线

如果没有特殊说明，缝份均为1.5厘米

1.

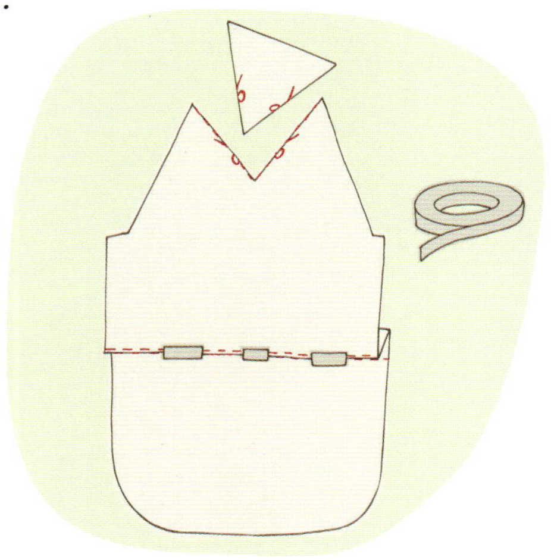

选用书后纸型的图样D，沿虚线裁剪围裙的V形领口。按照图样上的横虚线可缩减围裙的长度。把围裙图样摆放在布料上，用珠针固定，裁剪。

2.

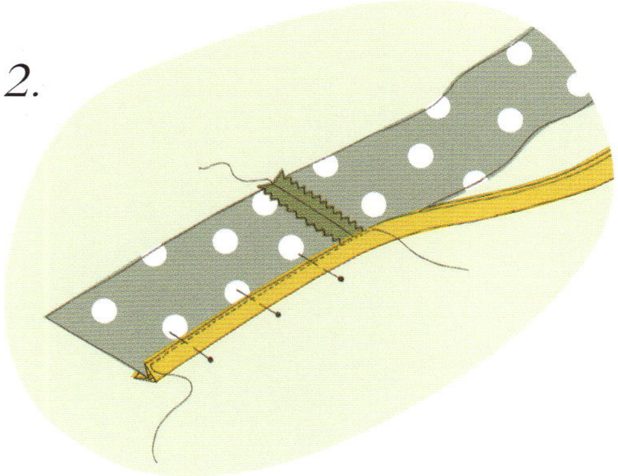

在斑点图案的布料上裁剪两条6.5厘米×100厘米布条用以制作花边。把两个布条机缝接起来成为一个长布条。锁边或用锯齿裁剪法处理缝份的毛边，以防布丝脱落。用200厘米长的斜裁布条开始给花边布条包边，一边包边一边用蒸汽熨斗烫平。按照第112页上的说明把花边布条上的毛边都包裹在内。

3. 参看第114页上手工抽褶的说明，在准备制作花边布条的一侧向内1厘米处平针缝一条线，然后开始抽褶，抽好褶后花边的长度为112厘米。褶皱花边的两端机缝加固。接下来沿着围裙的曲线，把花边的正面对着围裙的正面摆放在围裙布片上，整理好毛边，再用珠针固定，疏缝，最后机缝固定。锁边或用锯齿裁剪法处理缝份的毛边，以防布丝脱落。

4. 把V形领口的毛边向内折叠12毫米，用小针脚机缝双排线加固领口。用剪刀在V形领尖端处剪一个牙口，注意不要剪断刚缝好的线。拉展V形领，用36厘米长的斜裁布条给领口包边。整理好毛边后，用珠针固定，疏缝，再机缝。注意包边要压住加固用的领口针脚。以V形领口为中心，把围裙正面与正面对折，用细针脚把V形领尖拼接成45度斜角（参看口袋对角线制作方法的步骤9）。最后打开围裙，用蒸汽熨斗压平。

5. 接下来制作围裙的合二为一的颈带腰带。先把300厘米长的斜裁布条的边折好，边折边用蒸汽熨斗轻轻熨烫。把布条的两端对齐，找到布条的中心点，用珠针做出标记。沿中心点向两侧各量出一个34厘米的长度，这两个点也使用珠针做标记。

6. 在把颈带腰带布条连接到围裙上之前，先要把围裙腰带上用珠针标注的中心点对准V形领尖，剩余的两个标注点对准V形领两侧的顶端，把各个标注点的毛边线头整理好包裹在包边布条内，再用珠针固定。修剪围裙上端的边角，然后整齐地把围兜的左右两侧以及花边的顶端的毛边用包边布条包好。用珠针固定，疏缝，再把整个围腰机缝在围裙上，最后把围腰的两端分别折边缝合。

7. 在剩余的布料上裁剪一个20厘米见方的布片做围裙的口袋。把口袋布片对折，沿口袋的外侧角向内斜剪掉一个三角形，内斜边向下，距口袋上端6厘米。将一个直径为14.5厘米的盘子放在口袋的两个底边角上，再沿盘边画曲线，再剪掉曲线外的布边，形成口袋的圆角。

8. 把口袋上面V形部分用小针脚机缝双排线加固，缝份为12毫米。剪开V形尖，注意不要剪断刚缝的线脚。

9.

拉展V形处的牙口，用26厘米长的斜裁布条给兜口包边。整理好毛边后，用珠针固定，疏缝，再机缝。注意包边要压住加固用的兜口的针脚。以V形兜口为中心，把口袋正面与正面对折，用细针脚把口袋V形尖拼接成45度斜角。

10. 按照第116页上的贴兜缝制说明，沿着口袋的轮廓把口袋缝制到围裙上，缝份为1.5厘米。缝制前先要把多余的边角都整理到包边布条内，再用珠针固定，疏缝。缝纫的针脚应尽量扎实，贴近折好的布边。

水果拼盘图案围裙

这款围裙设计简单，但是它那V形领口极具女性魅力。围裙图案上的柠檬、橘子、西瓜，还有丝带包边给围裙增添了浓郁的生活气息，一看就让人垂涎欲滴。穿上这件围裙，端出圣代冰激凌、鲜榨果汁、清凉饮料，你一定会引来客人们惊喜的欢呼声。

制作材料：

80厘米×112厘米的印花布料，用以制作围裙裙身

140厘米×2厘米的西瓜颜色斜裁布条

300厘米×2厘米的橘黄色斜裁布条

36厘米×2厘米的柠檬色斜裁布条

缝纫机

缝衣针、缝纫线

1. 选用书后纸型图样D，仔细沿着图样上的虚线剪掉V形领口部分。

2. 把图样摆放在围裙布料上开始裁剪。

3. 

在布边内12毫米处机缝双排小针以加固V形领口。

4. 

剪开V形领尖，注意不要剪断了缝线。然后伸展刚剪的牙口。

5.

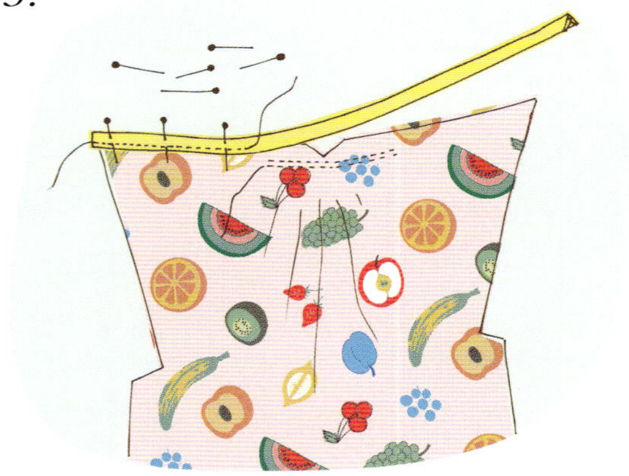

按照第112页上的说明，用36厘米长的柠檬色斜裁布条对拉直了的V形领口进行包边，要确保把加固的针脚遮盖住。

6.

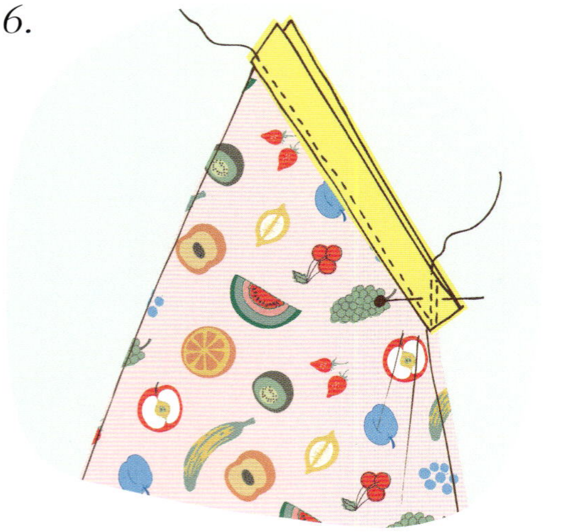

把围裙V形领口对折，正面对正面，用细小的针脚在V形领尖缝一道斜线，使其成为45度角的斜边。

7.

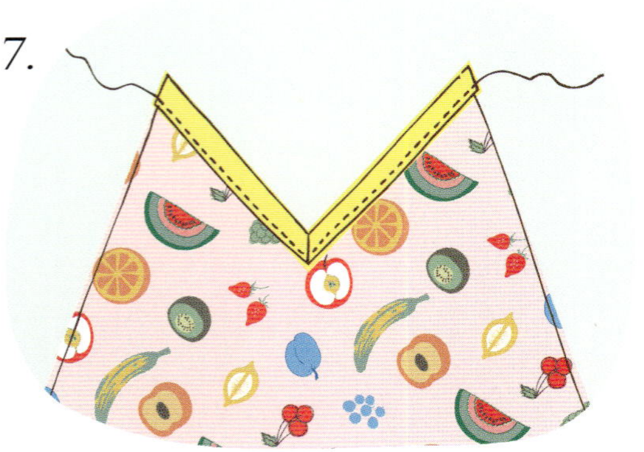

斜边缝好后，打开领口，用蒸汽熨斗把V形领口包边压平。

8. 把140厘米长的西瓜色斜裁布条的边折好，边折边用蒸汽熨斗轻轻熨烫定型。然后用布条把围裙的毛边整齐地包裹在内，用珠针固定，疏缝，再机缝。

9. 接下来制作围裙的合二为一的颈带腰带。先把300厘米长的橘黄色斜裁布条的边折好，边折边用蒸汽熨斗轻轻熨烫定型。把布条的两端对齐，找到布条的中心点，用珠针做标记。沿中心点向两侧各量出一个34厘米的长度，这两个点也使用珠针做标记。

10. 在把颈带及腰带布条连接到围裙上之前，先要把围裙腰带上用珠针标注的中心点对准V形领尖，剩余的两个标注点对准V形领两侧的顶端，把各个标注点的毛边线头整理好包裹在包边布条内，再用珠针固定。

11.

把围兜左右两个边整齐地包裹在布条内，用剪刀修剪围裙上端的两个角，使之顺着围兜的边成斜角。用珠针固定，把包边的布条整体疏缝，最后机缝完毕。腰带的两端进行折边缝合。

夏威夷热带风情围裙

这是一件利用以前旅游时购买的衬衣制作的围裙。从图案上看，毫无疑问这是某人去夏威夷时购买的纪念品。原来的衬衣是批量制作的成衣，朴实无华，拆开缝线，其布料用来做成了这件独具匠心的厨房围裙。多么时尚！多么温馨！它那手帕般的，或更贴切地应该比喻成桌布形状的裙身周边加了一条色彩明快的宽条纹花边，顿时让围裙与众不同，布料图案上那异国风情、长满棕榈树的小岛，以及波光粼粼的风景更加引人夺目。

制作材料：

一件旧的旅游纪念衬衣（XL号），用以制作围裙的裙身、围兜及口袋

20厘米×150厘米的宽条纹布料，用以制作花边

310厘米×2.5厘米的斜裁布条，用以制作围兜的包边和围裙的颈带及围腰

图样用纸

缝纫机

缝衣针、缝纫线

如果没有特殊说明，缝份均为1.5厘米

1. 首先制作围裙的图样，剪一张46厘米见方的图样用纸。在图纸的一角的两个边量出18厘米，用铅笔和尺子在这两个点之间画一条直线，然后沿着这条直线剪掉正方形的这个角。

2. 下面再制作锥形围兜的图样。剪一张25厘米见方的图样用纸。把其中的一个边作为围兜的顶边。在这个边的两侧各量出2.5厘米。从这两个点出发向各自的底边画一条斜线。然后沿着斜线裁剪使围兜图样成锥形。

3. 把这两张剪好的图样摆放在布料上，用珠针固定，裁剪布料。

4. 裁剪两条9厘米×150厘米的宽条纹布料，机缝连接在一起使之成为一个长布条用来制作围裙的花边。锁边或用锯齿裁剪法处理缝份的毛边，以防布丝脱落。按照114页上的说明，把布条的一个长边双折边，先向内折6毫米，再向内折9毫米。然后再按照114页上的说明用手工给布条的另一个长边抽褶，褶皱抽好之后边长应为142厘米。

5.

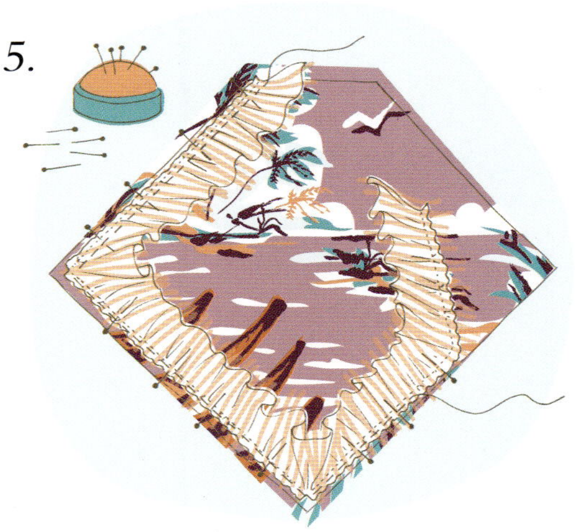

花边的布料的正面对着围裙的正面摆放好，花边与围裙的边对齐，用珠针固定，疏缝，再机缝到位。最后拆去起固定作用的疏缝线。

6.

选用126页上的口袋图样5，把图样摆放在布料上，用珠针固定，裁剪口袋。口袋的上边沿双折边，每次向内折2厘米。按照第116页上制作贴袋的说明把口袋准备好。珠针固定到围裙上，疏缝，最后把口袋机缝到位。

7. 接下来处理围裙上的围兜部分。裁剪一条20厘米长的斜裁布条，按照第112页上的说明给围兜的上沿包边。包好后修剪两端使其与围兜的两个侧边对齐。再裁剪两条70厘米长的斜裁布条给围兜的两个侧边整齐地包边。最后用珠针固定整个布条，用机器缝合边沿，两端折边缝合。

8.

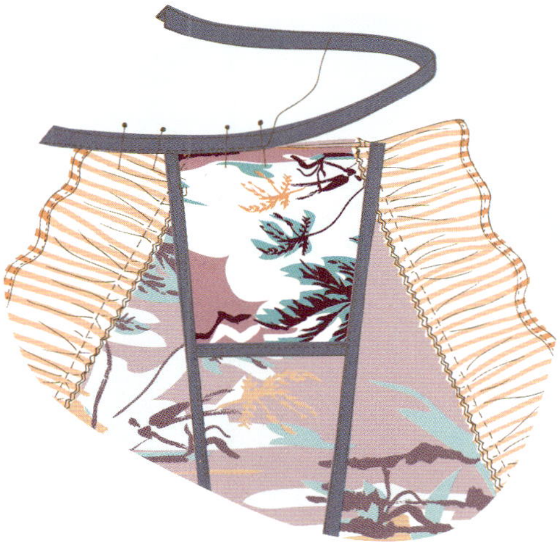

用围兜的反面对着围裙的反面，毛边对齐，用珠针固定，疏缝，再把围兜与围裙缝制连接，缝份为5毫米。接下来制作围裙的合二为一的颈带腰带。先裁剪150厘米长的斜裁布条，把边折好，边折边用蒸汽熨斗轻轻熨烫。把布条的两端对齐，找到布条的中心点，用珠针做标记。把围裙和围兜的各个边整齐地包在布条之内，确保布条的中心点对准围裙的中心。把布条开放的边沿用珠针固定，疏缝，然后用机缝整个布条边沿把腰带连接到围裙上。最后把腰带的两端折边缝合。

花瓣魅力围裙

这是一款20世纪40年代流行的午茶短围裙。布料上鲜艳的花朵、深暗的底色，再加上一条宽宽的橘黄色花瓣形的钱布雷布料裙边，都衬托出了围裙的魅力。漂亮的口袋设计独特，与围裙那条雅致的圆齿花边相呼应。围裙的腰部采用了那种飘逸的长裙上常用的多褶皱设计，显得围腰更加优美。虽然围裙色彩对比强烈，但是它依然保留了女性特有的细致、柔美、圆润的轮廓。

制作材料：

85厘米×112厘米的印花布料，用以制作围裙的裙身和腰带

50厘米×112厘米的纯色布料，用以制作围裙的花边、围腰以及口袋

缝纫机

缝衣针、缝纫线

如果没有特别说明，缝份均为1.5厘米

1.

选用书后纸型的图样B，把印花布料对折，再把图样摆放在布料上，用珠针固定，裁剪布料。取下固定图样的珠针，把图样平整地放在工作台上。沿着图样上的虚线剪掉图纸上的扇形部分。利用扇形部分的图样，裁剪折叠好的纯色布料。

2.

围裙花边的正面对着围裙布料的反面，把扇形花边用珠针固定在围裙上。疏缝，再把花边与围裙机缝在一起。整理好花边，沿曲线裁剪楔形花样。

3.

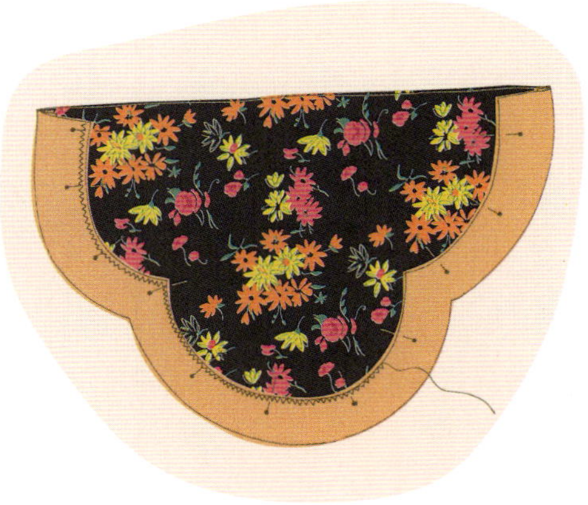

把带有扇形的花边翻向围裙的正面，用蒸汽熨斗压平。再用珠针把花边的毛边固定在围裙上。疏缝，在距边缝5毫米处缝制一道线。锁边的方法处理整个花边，这样扇形花边的毛边都被锁住了。

4.

选用122页上的口袋图样7，把图样摆放在剩余的纯色布料上，剪下来两块口袋布片。按照第115页上的有关制作贴兜与垂兜的步骤处理口袋，口袋边的缝份为1厘米。接下来把加工好的口袋缝在围裙上。然后在围裙上端边沿两侧各打3个2厘米宽的褶皱，打褶后在围裙毛边向下1.2厘米处缝线固定褶皱。

5. 在印花布料上裁剪两条17厘米×70厘米的布条做腰带。做法参看第119页上的腰带制作说明。

6. 在纯色布料上裁剪13厘米×43厘米的布条做围裙围腰，做法参看第119页上的说明。

紫红色褶裥花饰围裙

枝繁叶茂的藤蔓、娇嫩的花蕾在这款围裙上成了具有洛可可点缀装饰风格的褶裥花饰的美丽背景，令围裙娇艳迷人。围裙中间较细的褶裥花饰呈起伏的波浪形状，而裙边宽宽的荷叶花边给围裙增添了几分厚重。

制作材料：

80厘米×90厘米的印花布，用以制作围裙裙身、口袋以及腰带

45厘米×112厘米的纯色布，用以制作围腰以及褶裥花饰

缝纫机

缝衣针、缝纫线

如果没有特别说明，缝份均为1.5厘米

注意：
为了方便快捷，可以使用较宽的缎带来代替双折边的花饰。但是，制作口袋时最好还是要精工细作，不要怕费时。这样制作出来的口袋才能与围裙融为一体，而不致破坏围裙的整体效果

1.

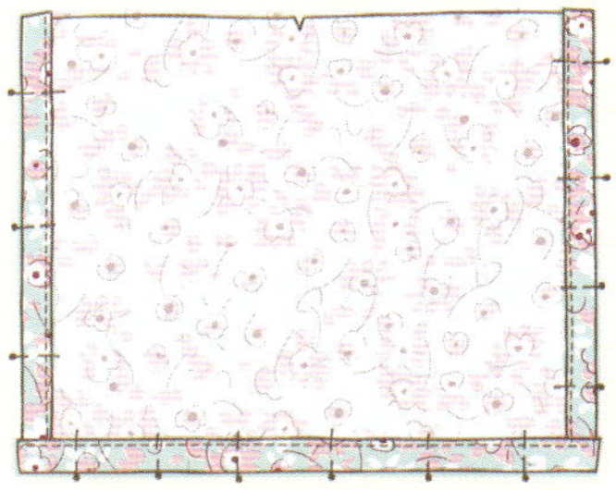

在印花布料上裁剪一块51厘米×68厘米的长方形布片。按照第114页上的说明对布片的两个短边及底边做双折边，每次折边1.5厘米。

2.

把围裙布片正面朝上摆放在工作台上。首先要在面料上画出贴缝褶裥花边的Z形线。从布片的上端的毛边，沿围裙的两个边向下量13.5厘米，并用细毡尖笔做记号。从围裙布片的中央同样向下量出13.5厘米并做记号。从布片的左边向内量出15.5厘米，再从布片的下端向上量出22厘米，在两条线的交汇处做记号。围裙布片的右边画线法、标记法相同。最后使用直尺连接这5个点。

3. 在纯色布料上裁剪两个13厘米×65厘米的布条做围裙底边的宽褶裥花边。机缝两个布条连接成一个长布条，再把布条的4个毛边都做双折边，第一次折6毫米，再次折9毫米。在布条上边沿3厘米处用机器大针脚缝一道线，然后按照第114页上的说明用手工抽褶，抽好褶皱后，布条的长度为62厘米。

4.

用褶裥花边的底边对准围裙布片的底边，用珠针固定，疏缝，再机缝固定。最后拆去疏缝线。

5. 在纯色布料上裁剪两个9厘米×83厘米的布条做较窄的褶裥花边。把两个布条连接成一个长布条，再把布条的四周做双折边，第一次折6毫米，再折9毫米。在布条的上端向下3厘米处疏缝一道线。然后按照第114页上的说明用手工抽褶，抽好褶皱后，布条的长度为80厘米。

6. 把较窄的褶裥花边按照在围裙布片上画好的Z形线摆放好。对齐后先疏缝，再机缝固定。最后拆去疏缝线。

7.

选用口袋图样5。把图样放在布料上，用珠针固定后裁剪。把口袋的上沿每次折2厘米做双折边。按照116页上制作贴兜的说明处理口袋。再把口袋用珠针固定到围裙上，疏缝后再用机缝固定。用针线在围裙的上端毛边上疏缝一道线。轻轻地抽拉疏缝线两头进行抽褶，抽好褶皱后上边沿的尺寸为44厘米。

8. 在印花布上裁剪两个13厘米×73厘米的布条做腰带。把布条的两个长边做双折边，第一次折6毫米，再折9毫米。用珠针固定，疏缝后用机缝，针脚应尽量贴近折好的布边。使用同样的方法处理腰带布条的一个短边。把腰带布条还没有折边的两端折叠成三个相等的伸缩波纹，机缝固定。折叠波纹应在腰带的同一面上。

9. 在纯色布料上裁剪一个13厘米×47厘米的布条做围腰。围腰的制作方法参看第117页上的围腰做法的步骤1、2和3。

10. 打开折叠好的围腰，把腰带的毛边对着围腰的正面，确保腰带的上边沿放在折缝的正下方。用珠针固定，疏缝，机缝固定。参看第117页上基本围腰制作步骤5和6，围腰制作完毕。

美味佳肴图案围裙（第66页）

小白猫图案围裙（第68页）

心形围兜围裙（第71页）

家庭主角围裙（第63页）

忙碌的利兹围裙（第60页）

牧场的玫瑰围裙（第58页）

第四章

简易精巧围裙

牧场的玫瑰围裙

靛蓝的钱布雷布料围裙面料配上纯净的方格布花边给这款围裙增加了变幻莫测的美国西部魅力。当你要烧烤丁骨牛排时，有了这件围裙，你就可以挥手告别择衣的烦恼。在夏日烧烤会上，你将是人群中独一无二的幸运之星。注意，要选用色彩艳丽、有鲜花盛开图案的印花布料来制作围裙上的贴花。

制作材料：

50厘米×112厘米的钱布雷布料，用以制作围裙的裙身以及围腰

50厘米×112厘米的方格布料，用以制作花边以及腰带

25厘米×110厘米的印花布料，用以制作围裙的贴花

270厘米×12毫米的斜裁包边布条

25厘米的双面黏合衬

缝纫机

缝衣针、缝纫线

如果没有特殊说明，缝份均为1.5厘米

注意：
准备一把锋利的绣花专用小剪刀很有必要，便于裁剪围裙上的鲜花主题贴布

1.

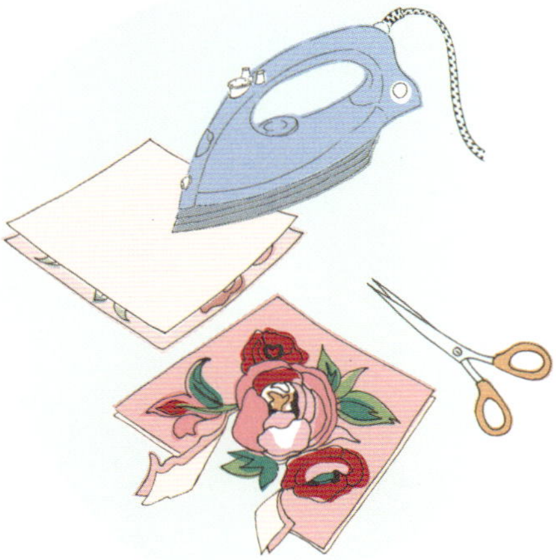

选用书后纸型围裙图样A和口袋图样3，并把这两个图样摆放在钱布雷布料上裁剪。在印花布料上选择所需印花图案，按照112页上的说明制作印花图案贴布。

2. 在方格布料上裁剪3个6厘米×77厘米的布条做围裙的花边。把3个布条缝起来连接成一个长布条。用锁边的方法或用锯齿裁剪法处理缝份的毛边，以防布丝脱落。按照第112页上的说明，使用225厘米长的斜裁包边布条包裹布条的一个长边。

3.

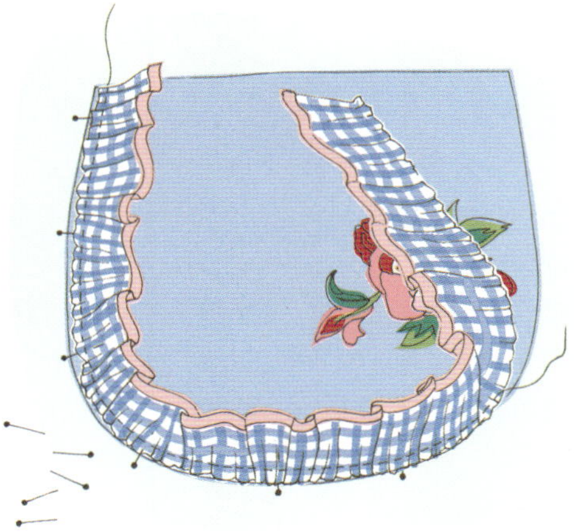

按照第114页上手工抽褶的说明或第115页上机缝抽褶的说明，给长布条的另一个长边抽褶，抽褶后的长度为125厘米。花边的正面对着围裙的正面摆放好，在围裙的曲线处要把花边和围裙的毛边对准整理好，用珠针固定，疏缝后机缝固定。

4.

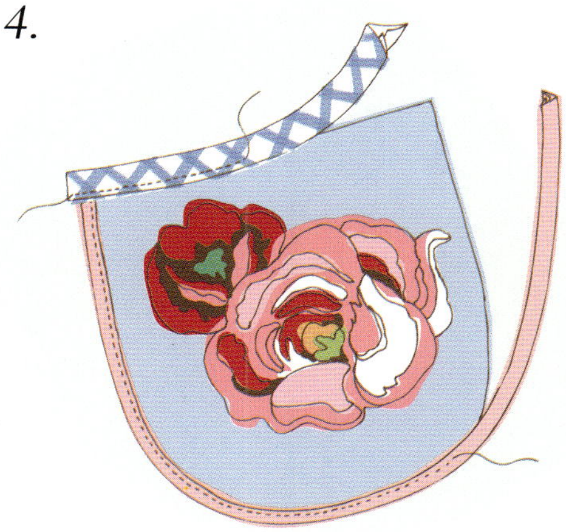

用38厘米长的斜裁布条给口袋的包边。在方格布料上斜剪一个3厘米×18厘米的布条。先把布条的两个长边个向内折5毫米并熨平，把折叠好的两个长边对齐后再折叠，最后用这个布条给口袋的上边沿包边。接下来把口袋用珠针固定在围裙上，在包边针脚的旁边再机缝一道线，注意把包边布条的两端叠好后塞进口袋内。

5. 在钱布雷布料上裁剪一块15厘米×49厘米的长方形布做围腰。再在方格布料上裁剪两个9厘米×48厘米的长方形布做围裙腰带。

6. 手工在围裙上端边沿的中间抽褶。在围裙中央毛边上用12毫米的大针脚缝制一道线，然后抽线，要把围裙上边沿包括花边在内的55厘米长抽到46厘米。最后按照第119页上的制作说明，完成围腰和腰带的制作。

忙碌的利兹围裙

在20世纪50年代出版的有关家居的杂志上，也许可以轻而易举地找到这款围裙的式样。这是一款地地道道的快乐主妇围裙，色彩鲜艳，充满情趣，极具女人味。围裙上的口红粉色是那个年代的典型颜色。大大的花朵贴布同时又是围裙的口袋，而身后的腰带打好结后活像一只毛茸茸的小猫。

制作材料：

65厘米×122厘米的纯色布料，用以制作围裙的裙身、围腰和腰带

25厘米×136厘米的印花布，用以制作围裙的花边和口袋

85厘米×112厘米的纯色布料，用以制作口袋花边

125厘米长的暗红色大波纹花边

缝纫机

缝衣针、缝纫线

如果没有特别说明，缝份均为1.5厘米

1. 选用书后纸型里的围裙图样A。把图样摆放在布料上用珠针固定，裁剪。在剩余的布料上裁剪一个15厘米×49厘米的布条用于制作围腰，再裁剪两个13厘米×63厘米长的布条做腰带。

2.

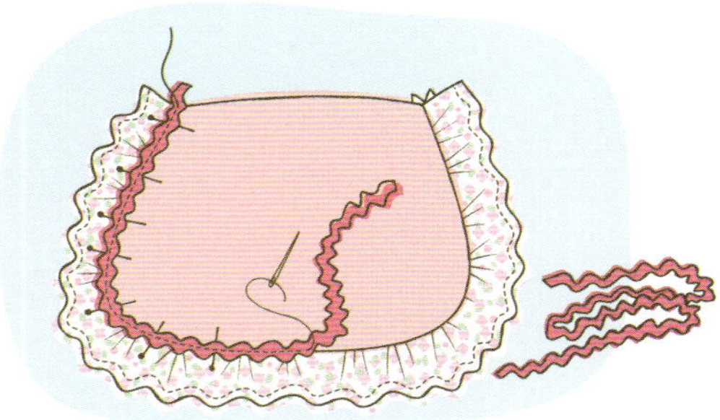

裁剪3个7.5厘米×77厘米的布条做围裙的花边。选用第121页上的口袋图样10，在印花布料上裁剪两个口袋。把3个布条用机缝拼接成一个长布条，用锁边的方法处理布边或用锯齿法加工布边。按照第114页上的说明把布条的一个长边双折边，先折7毫米，再折叠8毫米，然后机缝。按照第114页上手工抽褶或第115页上机器抽褶的说明，给长布条的另一个长边抽褶，抽好褶皱后的长度为125厘米。花边的正面对着围裙的正面摆放好，花边和围裙的毛边对准并整理好，用珠针固定，疏缝后用机缝到位。最后在花边与围裙的接缝处缝制上125厘米长的暗红色波纹大花边。

3.

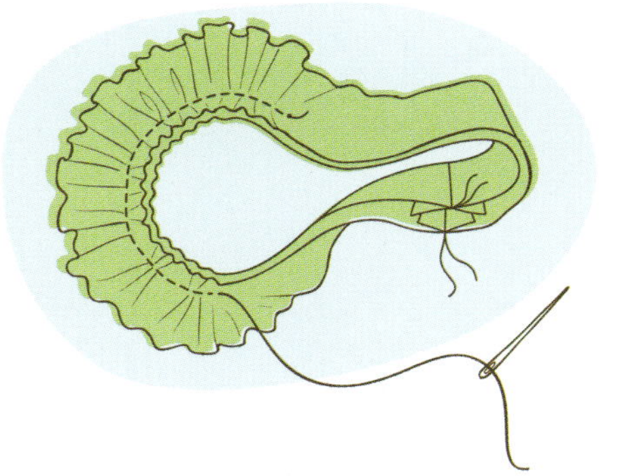

在纯色布料上裁剪一个9厘米×83厘米的布条做口袋的花边。花边布条正面相对，机缝花边的短边使之成为环状，再把接缝熨烫平整。把花边布条翻过来让布条的反面相对，毛边对齐，花边纵向折叠，熨烫压平。给花边抽褶，抽好褶后其圆周为48厘米，让花边成为一个圆环。

4.

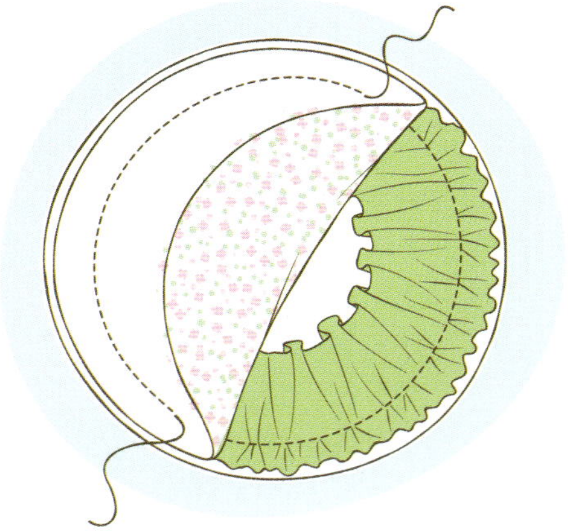

拿过来一个口袋布片，正面朝上摆放好。再把口袋的花边放在上面：花边的荷叶边向内，毛边向外呈圆形。用珠针固定，疏缝后用机器转圈把花边缝制在口袋布片上。再拿过来另一个口袋布片，正面朝下放在花边上，按照第115页上的说明，针脚要穿透各层布料，要沿着已有的针脚跑线，留出6厘米的返口。

5. 如图所示，把一条50厘米长的大波纹花边缝在围裙上做花茎，再缝制两条25厘米长的大波纹花边做花叶。把口袋放在花茎的顶端，沿口袋与口袋花边的连接缝缝制，把口袋缝制在围裙上。口袋的上方留出15厘米的返口。

6. 在围裙上端边沿上抽褶，抽好褶皱后其长度为46厘米。按照第117页上的说明把围腰缝制完毕。再按照第119页上的说明制作腰带。把腰带布条还没有折边的一端折成3个相等的伸缩波纹，用珠针固定在围腰的正面，毛边对齐后垂直缝制。修剪布边，把腰带翻过来遮盖布边，再缝制到位。另一条腰带的制作方法相同。

家庭主角围裙

奇异的贴布、藤蔓植物印花、纯棉布料，令人怀旧之情油然而生，带有折边的方格布料横贯裙身，立体感极强，仿佛茶具摆放在铺着台布的桌子上。这款围裙的口袋精巧别致，可以放入你的iPod MP3，既漂亮又实用。精美的围裙可以让你忘掉家务事的烦恼，或许还可以激励你做一杯可口的饮料。

制作材料：

55厘米×112厘米的纯色布料，用以制作围裙的裙身和围腰

70厘米×112厘米的方格布料，用以制作围裙的前片、口袋及腰带

两块20厘米×30厘米的印花布料，用以制作贴画

30厘米长的双面黏合衬

缝纫机

缝衣针、缝纫线

如果没有特别说明，缝份均为1.5厘米

1. 在纯色布料上裁剪一块52.5厘米×68厘米的长方形布片做裙身，再裁剪一块13厘米×47厘米的布条做围腰。接下来，在方格布料上裁剪一块34厘米×68厘米的布片做围裙的前片。

2.

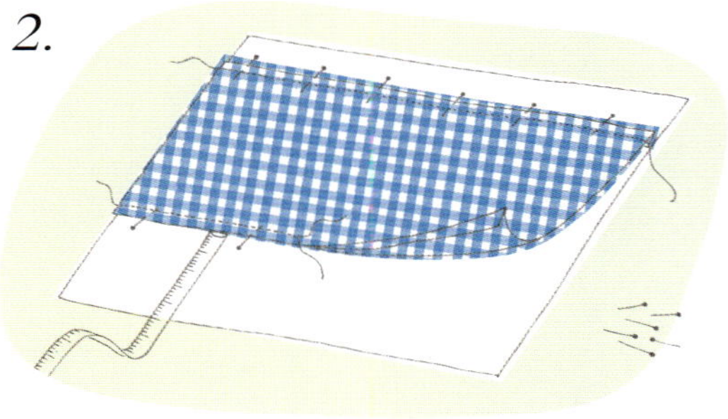

把方格布片的两个长边向反面折叠1.5厘米并熨烫平整。然后把布片放在纯色布料的裙身布片上，方格布片的底边距裙身布片的底边应有15厘米，用珠针固定，疏缝后沿方格布片的边缝一道线，缝线距边缘留出5毫米。

3.

下面开始制作围裙上的贴布。选用第125页和126页上的茶壶和咖啡壶的图样，把图样放在纸上，裁剪。按照第112页上的说明制作贴布。如上图所示，在贴布上缝制一些装饰性的针脚，使主题贴布更具立体感。

4. 按照第114页上的说明，在围裙的底边和两个短边做双折边，先向布料的反面折1.5厘米，再折1.5厘米。

5. 按照第114、115页上的说明，用手工或机缝在围裙的上边沿抽褶，抽好褶后其长度应为44厘米。注意褶皱应均匀地分布在整个围腰上。

6.

按照第117页上的说明制作围腰。然后准备制作围裙腰带。在方格布料上裁剪两块13厘米×63厘米的布片。在布片的两个长边和一个短边做双折边，要先折7毫米再折8毫米。把腰带布片上没有折边的一端平均分成三份制作成波纹折，并用珠针把它固定在围腰的正面，把毛边对齐，然后竖直缝纫固定腰带。接下来整理布边，再把腰带布条反过来，理齐后再用机缝，注意把毛边都包裹在内。采用同样的方法把另一条腰带缝制在围腰的另一侧。

7.

下面制作围裙的贴兜。在剩余的方格布料上裁剪一块13厘米×16厘米的布片，在布片的一个短边做双折边，向布片的反面先折1.5厘米，再折3厘米。然后把其余的3个边均向布片的反面折1.5厘米，熨烫平整。用珠针把口袋固定在围裙上，注意把口袋的上边沿对准围裙方格布片的上边沿，最后沿口袋边把口袋机缝到位。

美味佳肴图案围裙

这款围裙上的糖果蜜饯图案栩栩如生，令人垂涎欲滴，对那些甜食爱好者极具吸引力。杯形蛋糕图案的贴布不仅外形逼真，而且制作简便。围裙上的口袋宽大蓬松，形状奇特，仿佛是一个盛有松饼的盘子。口袋里可以盛放面点师新手所需要的所有工具。妙趣横生的食品图案，充分满足了甜食爱好者的欲望。

制作材料：

35厘米×110厘米的纯色布料，用以制作围裙裙身

28厘米×28厘米的条纹布料，用以制作口袋

24厘米×24厘米的纯色布料，用以制作杯形蛋糕贴布

10厘米×20厘米的纯色布料，用以制作蛋糕贴布上的糖霜部分

一小块用以制作贴布顶部的樱桃贴布

2厘米×24厘米长的色彩反差较大的大波浪花边

275厘米×2厘米的斜裁包边布条

25厘米双面黏合衬

缝纫机

缝衣针、缝纫线

如果没有特别说明，缝份均为1.5厘米

1. 选用书后纸型的图样C，把图样摆放在纯色布料上，细心地裁剪围裙的裙身。

2.

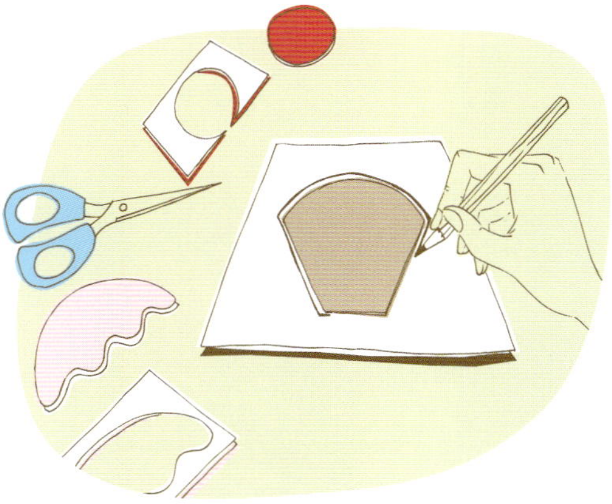

接下来开始制作围裙上的贴布。选用第124页上的杯形蛋糕、糖霜以及樱桃图样，摆放在纸上，然后裁剪。制作方法参看第112页上的贴布制作说明。

3.

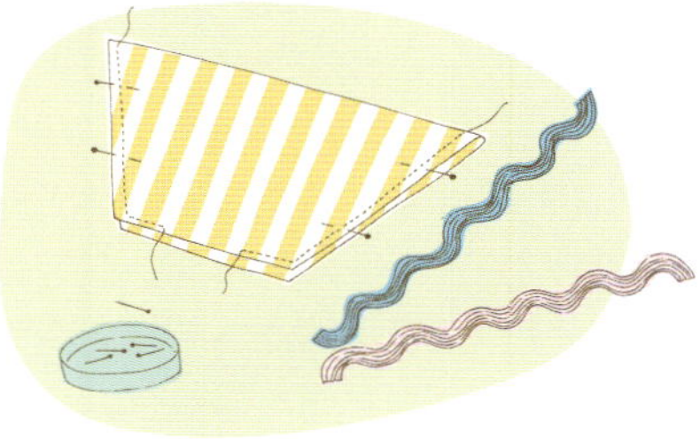

开始制作口袋。先把条纹布料正面相对折叠，布料上的条纹要垂直。选用第124页上的口袋图样9，把图样用珠针固定在布料上，然后裁剪。按照第115页上的宽松贴兜的做法，口袋的边应留出1厘米的缝份。把一条24厘米长和一条22厘米长的大波浪花边横向机缝在口袋上，注意要把花边的两端整齐地塞进口袋的布边内。把加工好的口袋放在杯形蛋糕贴布上，然后用珠针固定，疏缝，再机缝口袋的两个侧边和底边，把口袋缝制在围裙上，缝纫时针脚应尽量贴近布边。最后在口袋顶端的两个角多缝几针使其牢固。

4. 按照第112页上的说明，用18厘米长的斜裁布条包裹围裙上部围兜的毛边。把围兜两侧的斜边整理好，布边要光滑。再用70厘米长的斜裁布条包裹整个围裙的毛边，包好后剪掉多余的布边和线头。

5. 下面制作围裙的颈带和腰带。把一条185厘米长的斜裁布条对折，一边对折一边用熨斗压平。把布条两端对齐，找到布条的中心点，并用珠针做标记。从中心点向两侧各量出20厘米，并用珠针在这两个点上做标记。把标记好的两个点对准包好边的围兜上沿的两个角，并把围兜两个角的毛边包裹在折叠好的布条内，再用珠针固定。

6.

把围兜左右两侧的毛边整理好包裹在折叠好的布条内，用珠针固定，再把整个布条疏缝一下，最后机缝，并缝合腰带的两端。缝合腰带两端时要先折叠一下。

小白猫图案围裙

这是一款小围兜，布料采用的是注染布，注染布是一种日本传统的手工印染的棉布，常常用来制作毛巾或手绢。因此，日语中“注染”的字面意思是“擦手”。在日本江户时代，这种布料常常被用来包扎伤口、制作便鞋或是当做头巾。围兜上的贴布是一只表情惊慌的小猫，小猫贴布选用的是另一种历史悠久的水洗印花布料。围裙布料上深蓝的底色配上浅蓝色的包边布条顿时明亮了许多。小小围兜是儿童进餐时非常理想的服饰。

制作材料：

35厘米×50厘米的鱼图案印花布料，用以制作围兜

20厘米×80厘米与围兜布料的色差较大的印花布料，用以制作贴布和腰带

25厘米双面黏合衬

若干个粉红色和蓝色不织布片

一个纽扣

缝纫机

缝衣针、缝纫线

注意：
如果围兜的布料较为厚实，有利于围兜的包边制作。因此，可以选用中等厚度的棉质帆布，也可以在裁剪之前，先用双面黏合衬把两块质地较薄的布料背对背粘贴在一起使用

1. 选用书后纸型的围裙图样F，用珠针把图样固定在鱼图案的布料上，然后裁剪。

2.

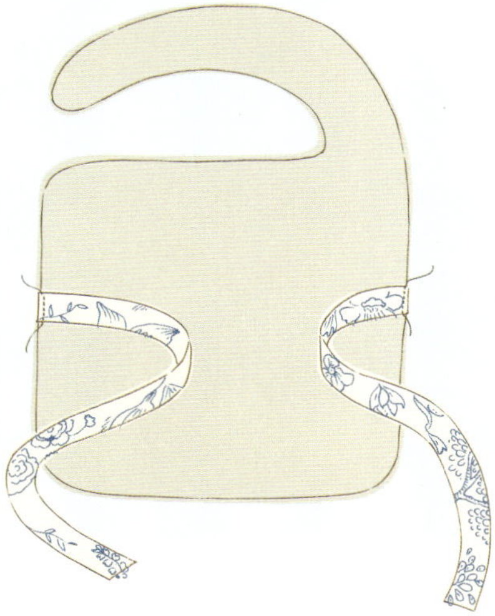

在与围兜布料颜色反差较大的印花布料上裁剪两块7厘米×50厘米的布条做围兜的腰带。布条的正面相对，机缝布条的一个短边和长边。缝合后，整理布边线头，然后把布条翻至正面熨烫平整。接下来把腰带的毛边一端放在围兜布料的背后腰部位置，在腰带布条的5毫米处机缝，把腰带连接到围兜上。

3.

按照第112页上的说明，用一条190厘米长的斜裁布条包裹围兜的毛边。要保证所有的毛边都整齐的包裹在布条之内。

4. 下面制作白猫贴布。用纸描画下第123页上的小白猫图样，剪出。贴布的做法参见第112页的说明。

5.

用不织布片剪出小猫的眼睛和鼻子，然后用手工把眼睛和鼻子缝在猫脸上。用机器在小猫嘴的两侧来回跑几道线做成小猫胡子。用剩余的30厘米长的包边布条，按照113页上有关蝴蝶结的制作说明，制作蝴蝶结固定在小猫的颈部。

6.

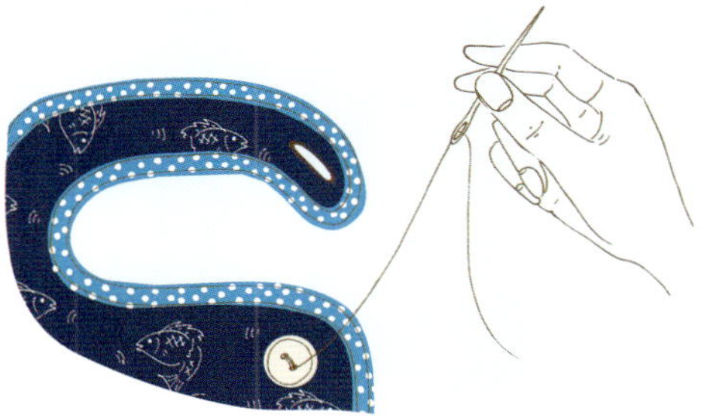

在围兜的肩带部开一个扣眼，在对应的位置缝上纽扣，扣上纽扣后可以固定围兜。也可以选用维可牢尼龙搭扣来替代纽扣。

心形围兜围裙

这款围裙上有一颗镶有花边的心形围兜，十分可爱，令人心动。像完美的高跟鞋那样，心形围兜的位置越高，越显得俊秀美丽。漂亮的粉红色与白色相间的方格布料，看上去柔美甜蜜似棉花糖。颈部的丝绸缎带给围裙平添了一份旧时女人内衣的风格。围裙的式样简朴、纯洁，具有20世纪50年代流行的巧克力糖果盒子的魅力。

制作材料：

130厘米×112厘米的方格布料，用以制作围裙、心形围兜以及花边

150厘米×1.5厘米的丝绸缎带，用以制作围裙的颈带

缝纫机

缝衣针、缝纫线

如果没有特别说明，缝份均为1.5厘米

1. 选用书后纸型围裙图样E。把图样摆放在布料，然后裁剪。

2. 先制作围裙的花边。在方格布料上裁剪3条7.5厘米×103厘米的布条。把3个布条用机器拼接成一根长布条。在布条的一个长边上锁边或使用锯齿针法缝纫，防止布丝脱落。按照114页上的说明，在布条的另一个长边上做5毫米的双折边。然后按照第115页上的用机缝抽褶的说明，在另一长边上给花边抽褶，抽好褶的花边长度应为147厘米。

3.

把花边和围裙裙身布料的正面相对，沿着裙身的曲线把毛边对齐，用珠针固定，疏缝，然后机缝在一起。锁边或用锯齿剪修整缝份的毛边，防止布丝脱落。在裙身上方两侧抽褶，抽好褶皱后包括花边在内裙身上方的长度应为46厘米。

4. 在方格布料上裁剪一块15厘米×49厘米的长方形布片做围腰。再裁剪两个8厘米×48厘米的布条做腰带。制作方法参看第119页的说明。

5. 选用第122页上的口袋图样3，把图样摆放在布料上，用珐针固定，然后裁剪两个口袋的布片。按照笫115页上的口袋制作说明加工口袋，注意口袋边沿缝份为1.5厘米。最后把口袋用珠针固定在围裙上，疏缝，再机缝到位。

6. 接下来开始制作心形围兜。选用书后纸型部分围兜图样1。把剩余的方格布料折叠成双层，把图样摆放在上面，然后裁剪。

7.

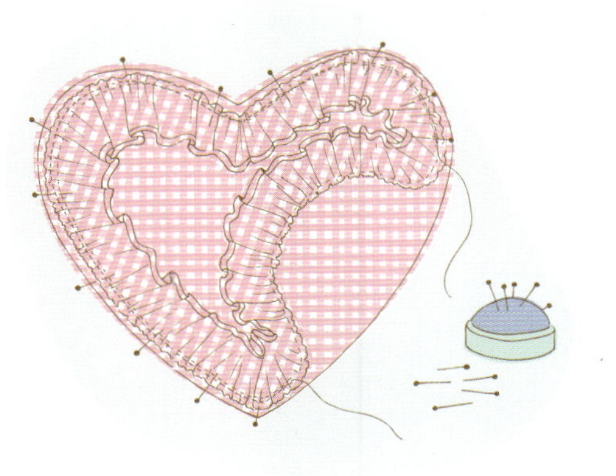

把两条7.5厘米×78厘米的布条拼接在一起形成环状做围兜的花边。把布条的一个边做双折边，双折边每次折叠5毫米。然后按照第114页上手工抽褶的说明给花边抽褶，抽好褶皱后的长度应为86厘米。

8.

花边的正面对着围兜的正面环绕摆放在围兜上，整理好所有的毛边，然后用珠针固定，疏缝，再用机缝。裁剪两条75厘米长的缎带，连接在围兜上端的两个角上。这时，拿过来另一个围兜布片，正面相对摆放在第一个围兜布片上，把刚缝制好的花边以及缎带颈带夹在两个布片的中间，整理毛边，接下来用珠针固定，再沿着围兜的边沿用机缝。记住：要留出一个5厘米的返口。围兜缝制完后，再整理好毛边线头，在弯曲处要剪几个牙口，这样可使围兜的曲线平整。最后把围兜翻至正面。

9.

缝合返口。熨平后在花边与围兜连接处向内1厘米处用机缝一道线。把围兜放在围裙上，心形围兜的中心对着围腰底线的正中心。

10. 用珠针把围兜固定在围裙上，再机缝，机针应穿透围兜、围裙和花边的所有层面。

春意盎然围裙（第76页）

屠夫的孩子围裙（第86页）

蓝色心情围裙（第84页）

旅行风格围裙（第80页）

新加坡吊带围裙（第88页）

芬芳的花朵围裙（第78页）

第五章

妙趣横生的功能围裙

春意盎然围裙

这是一款优雅的裹身围裙，围裙上黄色的水仙花和绿色的小树苗仿佛捕捉到了春天的气息，穿在身上，在花园里打理花草，十分惬意。围裙的下方加有一圈引人注目的印花图案布料，既是装饰也是围裙上的口袋，里面可以盛放园艺叉子、小泥铲和细绳等园艺工具。这款设计大胆的小围裙把时尚和实用完美地融为一体。

制作材料：

50厘米×92厘米的粗纺条纹布料，用以制作围裙的裙身

30厘米×92厘米的印花布料，用以制作围裙的口袋

350厘米×3.5厘米的编织带

缝纫机

缝衣针、缝纫线

如果没有特别说明，缝份均为1.5厘米

注意：
挑选制作围裙裙身的粗纺布料时，应注意布料的正反两面要一样，因为有些地方布料的反面也会暴露在外

1. 首先制作口袋。在印花布料上裁剪一个24.5厘米×67厘米的长方形布片。把布片的一个长边向布料的正面折叠1.5厘米并熨平。把一条68厘米长的编织带压在折边上，编织带的边对准折叠的布边，用珠针把编织带固定在折边上，疏缝，然后机缝，缝针要尽量靠近两边的布边。

2. 从长方形印花布片的短边向内量出22厘米，并在此处从上至下用珠针固定成一道线。布片的另一侧采用同样的方法处理。

3.

接下来制作围裙的裙身。在条纹布料上裁剪40厘米×72厘米的长方形布片。把布片的正面朝上摆放在工作台上，再把做围裙口袋的印花布片也是正面朝上摆放在围裙布片的上面。围裙布片的底边以及两个侧边均留出2.5厘米的边。然后在用珠针固定的位置缝两道线，把口袋缝在围裙上。

4.

把围裙两侧的短边向围裙布料的正面双折边，折边均为1.5厘米，围裙的布边应压住口袋布料两侧的毛边。用珠针固定，疏缝后机缝固定。机缝时缝针要尽量贴近折叠的布边。围裙的折边做法相同。

5.

把围裙布片的上边沿向布料的正面折叠1.5厘米并熨平。再把整个围裙布片对折，找出中心点并用珠针做标记。把剩余的编织带也对折，找到中心点用珠针做标记。编织带的中心点对准围裙的中心点，把编织带压在围裙边沿的折边上。用珠针把编织带固定在围裙上，再机缝把编织带缝在围裙上。机缝时，针脚要尽量贴近编织带的布边。

6. 在围腰两端缝交叉缝线加固。最后把腰带的两端折叠缝合即可。

芬芳的花朵围裙

我把这款娇媚的小围裙献给我的祖母安妮。我的祖母收藏有许多绣花亚麻台布。这些台布是在20世纪30年代和40年代绣制的，有一些是祖母自己辛辛苦苦绣的，有些是她的三个姐妹——奈丽、玛琪和莉丽绣的。围裙上的口袋是从一块老式的台布上剪下来的，而且这块老式的台布起初并不是我祖母家的台布，而是在一个销售老式衣服和家居用品商店买到的。可想而知，这款围裙非常珍贵，让人舍不得穿在身上。

制作材料：

50厘米×145厘米的粗纺方格布料，用以制作围裙的裙身以及腰带

老式的绣花台布，用以制作围裙的口袋

35.5厘米×2.5厘米的斜裁包边布条

缝纫机

缝衣针、缝纫线

如果没有特别说明，缝份均为1.5厘米

注意：
挑选制作围裙裙身的粗纺布料时，应注意布料的正反两面要一样，因为有些地方布料的反面也会暴露在外

1\.

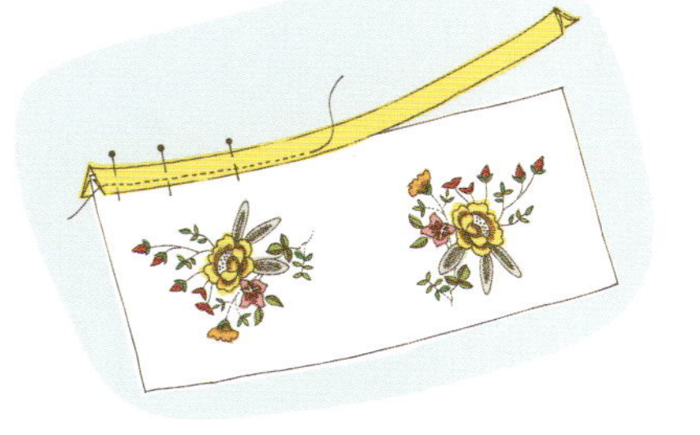

首先制作口袋。在一块绣花台布上裁剪下来一个16.5厘米×35.5厘米的长方形布片，要确保主题鲜花处在两个口袋的中心位置。按照112页上的说明，用35.5厘米长的斜裁包边布条包裹口袋布片的上边沿。

2\. 接下来制作围裙裙身。在方格布料上裁剪一块28厘米×40.5厘米的长方形布片。布料的正面朝上摆放整齐，再把绣花布片放在上面，同样也是正面朝上。围裙布料的底边以及两个侧边均应留出2.5厘米的布边。然后把绣花布片疏缝固定在围裙布片上。

3\.

在方格布料上裁剪一条2.5厘米×19厘米的布条。布条的两个长边均向反面折叠5毫米并且熨平。把这个方格布条摆放在口袋布上，确切位置在口袋上两朵主题花的中间线上，把所有的毛边和线头都塞进布条下面，用珠针固定，疏缝后再机缝固定。

4\.

把围裙两侧的短边向围裙布料的正面做双折边，折边均为1.5厘米，围裙的布边应压住口袋布料两侧的毛边。用珠针固定，疏缝后机缝固定。机缝针脚要尽量贴近布边。围裙的折边做法相同。

5\. 在方格布料上裁剪两条8.5厘米×103厘米的布条，按照118页上的有关围腰和腰带二合一的制作说明来加工这两个布条。

6\.

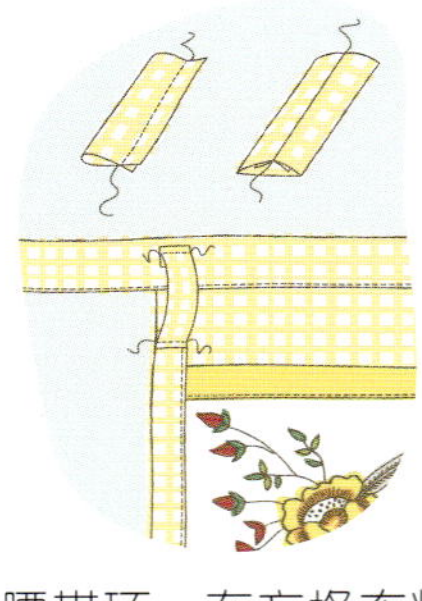

最后制作腰带环。在方格布料上裁剪两条5厘米×7.5厘米的布条。正面相对纵向折叠布条，把布的毛边对齐后用机器缝合，缝份为1厘米。缝好后把布条翻至正面并熨烫平整。把腰带环的两头折叠，摆放在围裙侧边的位置，并机缝到围腰上。另一个腰带环的做法相同。

旅行风格围裙

这是一款由结实耐用的白棉布、亚麻布和绳索制作的男士围裙。围裙上淡淡的黄沙颜色让人感觉到它不是从其产地伦敦走出来的围裙，而是一款“走出非洲”的围裙。围裙的设计灵感来自户外活动，它的风格很像一块防水油布。围裙顶部的两侧是缝有夹层的金属孔，金属孔系着围裙的颈带和腰带。假如使用漂亮的丝带和绿色印花布料来取代图中围裙的结实耐用的布料，那么围裙会立刻呈现女性化，非常适合女性穿着了。

制作材料：

75厘米×112厘米的厚实的白色棉布料，用以制作围裙的裙身和大口袋

20厘米×54厘米与白棉布料有色差的亚麻布料，用以制作围裙上的小口袋和扣眼加固层

270厘米×2.5厘米的与白棉布料有色差的斜裁包边布条

300厘米长直径为20毫米的腰带绳

4个直径为8毫米的带有垫圈的金属扣眼

图样纸

缝衣针、缝纫线

作画或喷漆时用的遮蔽胶带

如果没有特别说明，缝份均为1.5厘米

1.

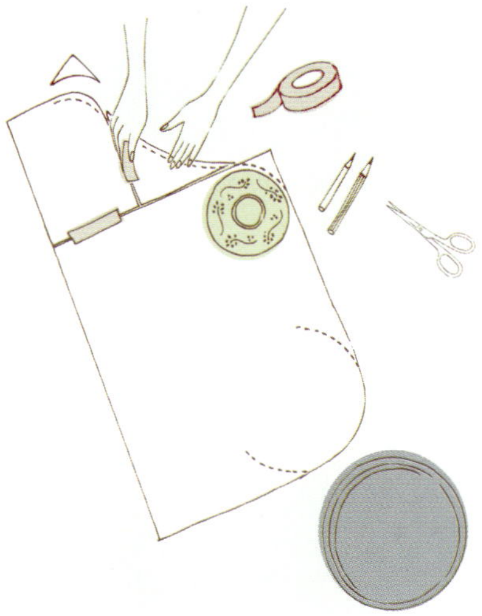

首先制作L形的围裙图样。在纸上先画一个37厘米×45厘米的大长方形，再画一个16厘米×25厘米的小长方形，分别裁剪。将小长方形的一个短边放在大长方形的一个短边上，夹角处形成一个L，把两个长方形的长边对齐，最长的边这时的尺寸为70厘米。用遮蔽胶带把图纸拼在一起。然后把整个图样放在工作台上，让图样上的L拐角处面对着自己。拿一个直径为30厘米的圆盘子放在图样的右下角，圆盘子的边要与图样的相邻的两条边对齐。用铅笔沿着盘子的边画圆弧，用剪刀剪掉圆弧外的边角。裁剪时一定要沿着铅笔画线剪，接下来把剪下来的边角拿来按放在两个大小不同的长方形拼接后形成的夹角处。用遮蔽胶带把这个边角也拼接在图样上。再使用一个直径为14.5厘米碗放在围兜的一个角上，把围兜的两个上角也修剪成圆角。围裙裙身的角采用同样的方法修剪。

2. 下面裁剪小口袋的图样。先在图纸上裁剪一个17厘米×19.5厘米的长方形，使用小口杯做模子把口袋的两个下角修剪成圆弧形。再在纸上裁剪一个19.5厘米×35厘米的长方形制作大口袋的图样，使用小碗做模子把大口袋的两个下角修剪成圆弧形。

3. 把白色棉布竖直折叠，然后把围裙图样摆放在上面。图样上最长的那个边与布料上的折缝对齐，开始裁剪。在剩余的布料裁剪围裙上的大口袋。用一条38厘米长的斜裁布条给大口袋的上边沿包边。大口袋其余的3个边均向内折叠出1.5厘米的布边，用珠针固定，疏缝后机缝固定。

4. 把小口袋的图样放在与围裙布料有色差的布料上，开始裁剪。按照第114页上说明把口袋的上边沿做双折边，每次朝向布料的反面折叠1.5厘米。小口袋其余的三个边均向布料的反面折叠1.5厘米，用珠针固定，疏缝，最后机缝固定。

5.

在剩余的小口袋布料上，使用小碗做模子剪下来两个圆片。把每个圆片的边向布料的反面折叠1.5厘米，熨平。然后把这两个圆片从中间剪开，一分为二。把围裙布片放在工作台上，正面朝上，把两个半圆布片反面朝下放在围兜的两个圆角上，这两个角均为围兜的绳带连接处，请看图示操作。另外两个半圆布片用同样的方法放置在围裙的两个圆角上，这两个角是腰带绳的连接处。把这几个圆角用珠针固定，疏缝后分别机缝固定。最后用剪刀把圆角上多余的布边线头修剪掉，让每个角的曲线完美。

6. 剪一条225厘米长的斜裁包边布条，按照第112页上的说明，把整个围裙的边包裹起来，一定要把围裙的各个布片的毛边全部包裹在内。包完边后，布条的连接处要交搭，多余的线头要塞好。

7.

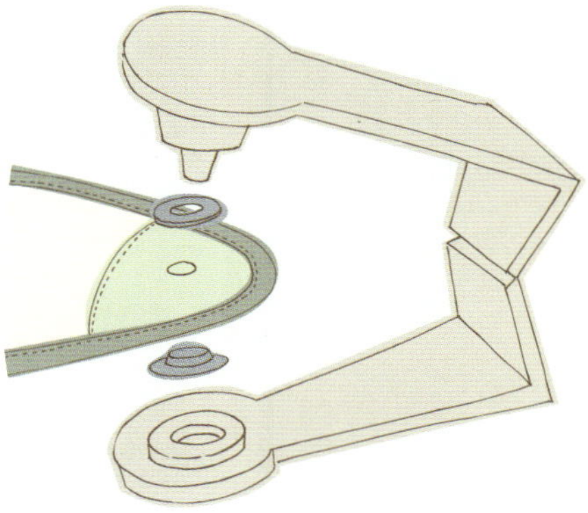

参照安装扣眼的说明，在围裙的四个加固了的角上安装金属扣眼。

8.

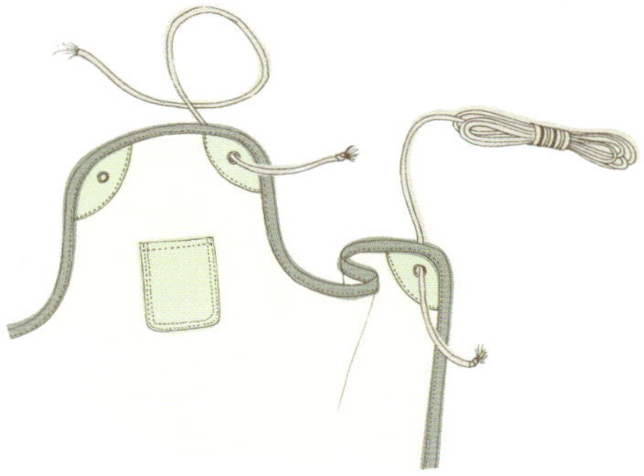

剪一条70厘米长和两条100厘米长的腰带绳分别当做颈带和腰带。把绳子穿过扣眼，打结固定即可。

蓝色心情围裙

制作这款围裙的最佳材料是那些从粗斜纹棉布旧衣服裁剪下来的碎布块，经过拼接后，围裙的布料比在纺织品商店购买的现成布料在色彩、质地和织法方面更加多样化。旧衣服上面的粗斜纹布料有一种淡淡的独特的韵味，这种韵味在新布料上却难以寻觅。

制作材料：

36块15厘米×28厘米图案多样的粗斜纹棉布，用以制作围裙裙身

240厘米×2.5厘米的纯棉织带，用以制作围裙的颈带和腰带

350厘米×2.5厘米的斜裁包边布条

图样用纸

缝纫机

缝衣针、缝纫线

如果没有特别说明，缝份均为1.5厘米

注意：
拼接布块时要使用厚度相当的布料

1.

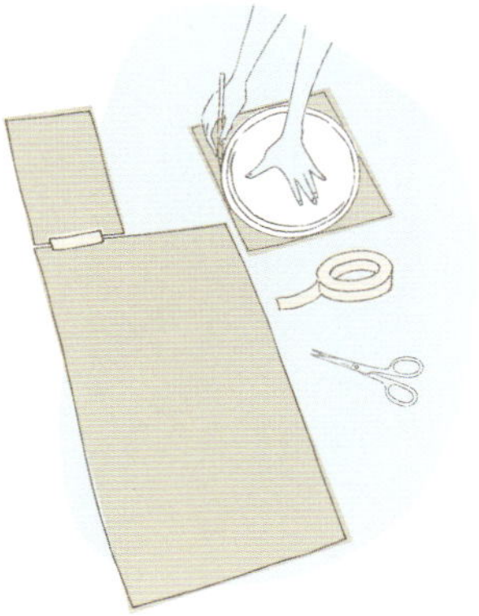

首先制作L形的围裙图样。在纸上先裁剪一个37.5厘米×65厘米的大长方形，再裁剪一个13厘米×30厘米的小长方形。将小长方形的一个短边放在大长方形的一个短边上，夹角处形成一个L，把两个长方形的长边对齐，最长的边这时的尺寸为95厘米。用遮蔽胶带把图纸拼在一起。裁剪一个边长为15厘米的正方形，然后把一个直径为30厘米的盘子放在裙身图样左下角上，盘子的边沿与图样上相交的两条线的边对齐。用铅笔沿着盘子的边绘制圆弧，用剪刀剪掉圆弧外的边角。裁剪时一定要沿着铅笔画线剪，接下来把剪下来的边角拿来按放在两个大小不同的长方形拼接后形成的夹角处。再用遮蔽胶带把这个边角也拼接在图样上。

2. 把各种各样的碎布块摆放在工作台上，排成6行，每行6个布块。可以来回调整这些碎布块，把它们组合成漂亮的图案。

3.

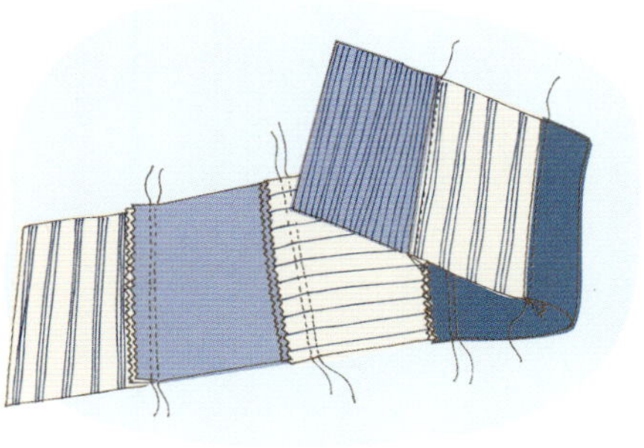

现在从第一行布块开始拼接。把长方形布块的长边用针连接，再用机器缝合。布块的缝份要锁边或使用锯齿针法处理。把接缝在布块的反面熨平，然后在正面缝一道明线使布边整齐。其余5行碎布块采用同样的方法拼接。接下来，把拼接好的这6行布条按照正确的顺序摆放在工作台上，把布边对齐，用珠针固定，再机缝连成一体。给拼好的整个布片锁边或用锯齿法处理，在一面把布片压平，在正面缝明线。

4.

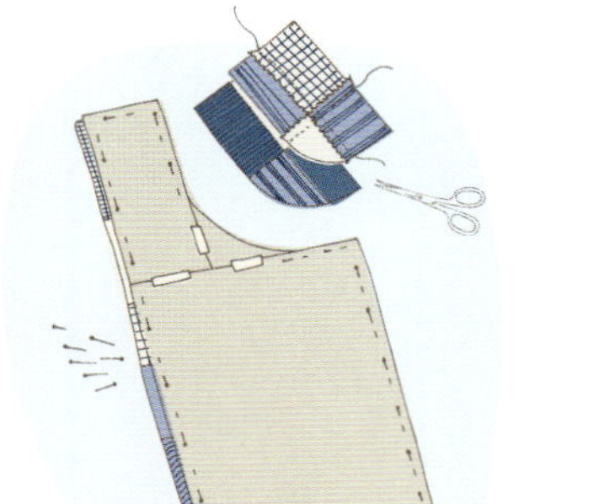

把拼接好的布片反面相对竖直折叠，然后把事先裁剪好的围裙图样放在上面，用图样上最长的边对准拼接布块的折缝，用珠针固定后再裁剪。裁剪围裙上的圆弧角的时候要格外注意，因为裁剪下来的边角要被用来拼接成围裙的口袋。

5.

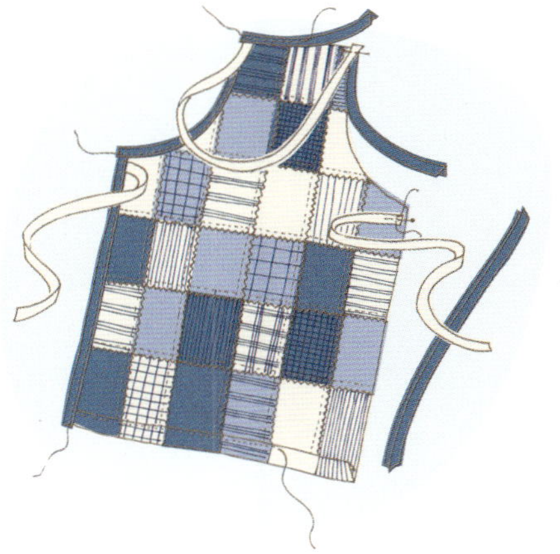

打开围裙布片，按照第114页上的说明将围裙布片的下边沿做双折边，折叠1.5厘米。剪两条90厘米长的棉布织带做腰带。把腰带分别连接到围裙两侧的背面。腰带的顶端要做成平整的双折边。接下来剪两条64厘米长的斜裁布条来为围裙两侧包边，包边时注意把腰带的毛边也包裹在内，包边到围裙的下摆结束。再剪两条52厘米长的斜裁布条给围裙弯曲的圆弧部位包边，包边结束后把线头理齐。再剪一条60厘米长的纯棉织带当做围裙的颈带，布带的两端缝制在围兜顶部两侧的背面。剪一条30厘米长的斜裁布条给围兜的上边沿包边，包边时要注意把颈带的毛边包裹在内，包好后围兜两侧要平整。

6. 最后制作围裙上的口袋。把剩余的两块布料正面相对折叠在一起，然后机缝成一个半圆。把口袋的上边沿做1.5厘米宽的双折边。剪一条88厘米长的斜裁布条给口袋圆弧部分包边，包好后把两端整理平滑。用珠针先把口袋固定在围裙的前部，疏缝，再机缝，缝线应尽量贴近包边布条的边沿。

屠夫的孩子围裙

这款围裙的设计灵感来自传统的屠夫围裙，但它的尺寸较小，可供小小美食家穿着。喜欢传统风格的人可以选用海军蓝与白色条纹相间的斜纹布料，喜欢艳丽色彩的人也可以选用方格台布来营造一片田园景色。图中这款围裙采用的是坚质条纹棉布。围裙上不仅有一个小贴兜，还有一个很实用的大口袋。颈带和腰带均采用坚固的纯棉织带。

制作材料：

45厘米×112厘米的坚质条纹棉布，用以制作围裙的裙身及口袋

130厘米×2.5厘米的纯棉编织带，用以制作颈带与腰带

138厘米×2.5厘米的斜裁布条

图样用纸

缝纫机

缝衣针、缝纫线

注意：
围兜部位上可以增加贴布或绣上你的孩子名字的缩写字母，使围裙更具个性

1. 首先制作围裙裙身的图样。先在纸上画出并裁剪一个43厘米×23厘米的长方形。长方形左侧的长边为围裙的中心线。在图样的底边向上27厘米处，从这条线至左向右画一条横线。画好后再从围裙的中心线沿着这条线向内量出9厘米，并在该点上做标记。同样，在长方形的顶边也量出9厘米，并在这点上做标记。接下来画一条线连接这两个点。把一只直径为14.5厘米的碗放在由这两条线形成的夹角处，碗的边沿要与这两条线对齐。沿着碗边画弧线，然后沿弧线裁剪。图样画好后，仔细裁剪，注意裁剪圆弧部位时一定要小心，因为圆弧外的部分会用做围裙口袋的图样。

2.

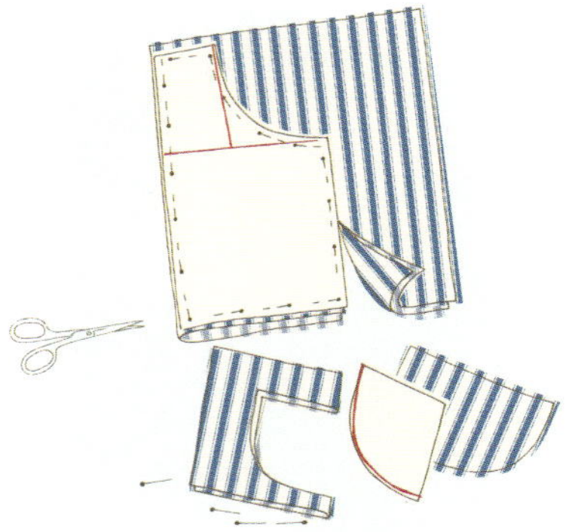

把你所选的布料竖直折叠，布料的反面相对，布边对齐。再把图纸摆放在布料上并用珠针固定，要保证图样的中心线与布料的折叠缝对齐，然后裁剪围裙布料。接下来用图样上没有圆弧线的那个长边与布料上的折叠缝对齐，把口袋的图样摆放上去，用珠针固定后再裁剪围裙的口袋。

3. 把围裙布片打开，按照第114页上的说明给围裙布片的直边做双折边，每次折叠1.5厘米。做围裙裙身的两端时，要把两条40厘米长的纯棉织带的顶端分别插入两侧的双折边里去当做腰带，固定腰带的位置在围裙上边沿向下1.5厘米处。腰带的另外两端也做双折边，制作时每次向内折叠5毫米。下一步再把围裙的底边也做双折边，每次折叠1.5厘米。

4.

剪两条26厘米长的斜裁布条，按照第112页上的说明，给围裙的圆弧线部分包边。裁剪一条50厘米长的纯棉织带做围裙的颈带。颈带的两端应固定在围兜上边沿两侧的反面。接下来裁剪一条22厘米长的斜裁布条给围兜的上边沿包边，注意包边布条要遮盖住固定在围兜上的颈带顶端的毛边，包好边后要把布边理齐。

5.

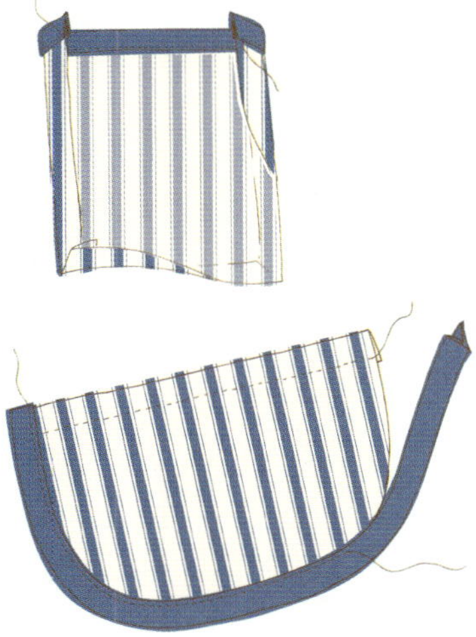

下面开始制作围裙上的小贴袋。在条纹布料上裁剪一个13厘米×15厘米的长方形。再剪一条14厘米长的斜裁布条给口袋的上边沿包边。把口袋其余的边折叠好，用珠针固定的围裙上，然后机缝到位。接下来加工围裙上的大口袋。先把大口袋上的那条直边做双折边，每次折叠1.5厘米。再剪一条50厘米长的斜裁布条给口袋的圆弧部分包边，包边布条的两端要打理整齐。接下来把口袋摆放在围裙的正中央，用大口袋的上边沿压住围兜部位的小口袋的底边，用珠针固定好后，疏缝，机缝到位，缝线要尽量贴近包边布条的边沿。

新加坡吊带围裙

这款裁剪最简单、喇叭外形的外束腰围裙具有20世纪60年代东方吊带衣服的韵味。然而，布料上的极其醒目的花束仿佛摆放在花环般的装饰格子之内，又使它具有20世纪30年代好莱坞的风格。这是一款精心设计的套头束腰围裙，时尚的款式、流线型的裙身适合各种体型的人穿戴。东方的优雅整洁与西方的生动活泼在这款围裙上融为一体。

制作材料：

100厘米×112厘米的印花布，用以制作围裙的裙身和口袋

520厘米×2.5厘米的斜裁布条

缝纫机

缝衣针、缝纫线

如果没有特别说明，缝份均为1.5厘米

1. 选用书后纸型部分围裙图样H，选用第122页上的口袋图样8，把图样分别放在印花布料上并用针固定。摆放图样时要确保处在围裙裙身下部的口袋上的印花图案与裙身布料上的图案对齐重叠。固定好之后，开始裁剪一个口袋布片以及围裙的前片与后片。

2. 按照第112页上的说明，剪一条54厘米长的斜裁布条给口袋上沿的直边包边。

3. 

把围裙的裙身一个布片正面向上的摆放在工作台上，然后把口袋布片放置到位。把口袋的毛边对准裙片的毛边，用珠针固定，疏缝后再用机器把口袋缝到裙片上，缝制时应留出5毫米的布边。测量一下口袋上沿的长度，然后平均分成三等份。把分割线从上至下用珠针固定，再沿着固定好的直线用机缝穿透口袋以及裙片缝制，这样就做成了3个口袋，口袋分界线的上端应加缝几针以防开线。

4. 

在剩余的布料上裁剪4个5厘米×40厘米的布条做围裙的腰带。把布条的两个长边都做成双折边，每次折叠5毫米。折叠好之后用珠针固定，疏缝再用机器缝制。缝好后翻过来并把布条的一个短边缝合。其余3个布条的制作方法相同。用布条的反面对着围裙的反面，在腰部位置把腰带连接到围裙上。腰部位置大约在围裙底边向上29厘米的地方。

5. 让两个裙片正面相对，在肩部的位置把裙片缝合。缝份应锁边或用锯齿针法处理，以免以后磨损布丝脱落。

6.

剪一条140厘米长的斜裁布条给围裙裙片的每个布边包边，包边时要把口袋、腰带、肩膀处的缝合线所有的毛边整齐地包裹在内。接下来再用一条70厘米长的布条给围裙的领口包边。用两条58厘米长的布条给围裙前后裙片的底边包边，包边结束后把布条的顶端折叠理齐。

灵巧的手指围裙（第93页）

双口袋围裙（第109页）

舞动的花朵围裙（第97页）

简易十字绣图案围裙（第102页）

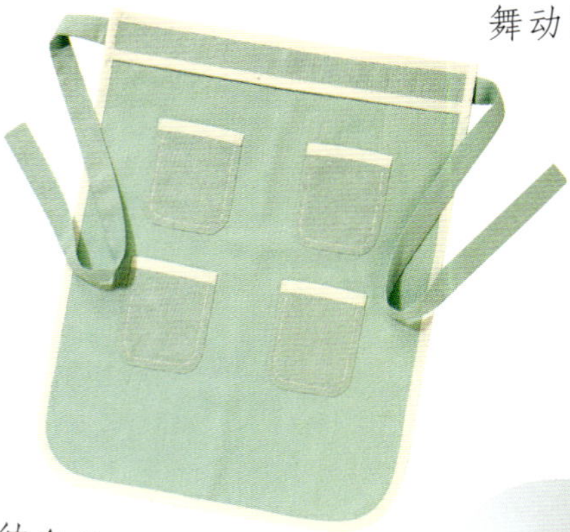

纯色简约围裙（第100页）

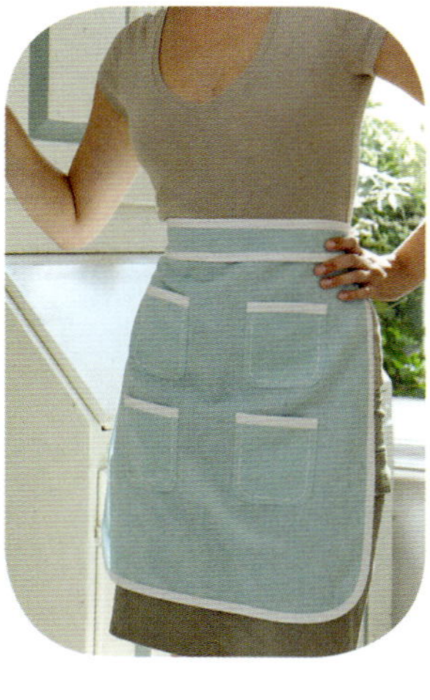

下午茶时光围裙（第99页）

美丽的田园围裙（第105页）

第六章

乡村的魅力

灵巧的手指围裙

这款围裙的制作人需要有极大的耐心和高超的手艺，才能制作出这样精致秀美的围裙，才能让围裙看上去像一件传家之宝。制作前，一定要认真仔细地挑选围裙布料的颜色、图案、质地和装饰。这款围裙还可以选用其他颜色的布料，配上柠檬色和青绿色的布料后会给人带来一种清爽宜人的夏日感觉。

制作材料：

15厘米×90厘米的条纹布料，用以制作围裙的围腰

15厘米×112厘米的纯色布料，用以制作围裙裙身的上片

35厘米×112厘米的细枝印花布料，用以制作围裙裙身的中片、花边及口袋

40厘米×112厘米的印花布料，用以制作围裙裙身的下片及腰带

色彩、宽度各异的缎带

68厘米长的波浪花边

164厘米×2厘米色差较大的纯棉厚实的布带

缝纫机

缝衣针、缝纫线

如果没有特别说明，缝份均为1.5厘米

1. 在纯色布料上裁剪一块13厘米×68厘米的长方形布片做围裙裙身的上片。把一条长68厘米的波浪形花边用珠针固定在布片的中间位置，疏缝后把花边机缝到布片上。

2.

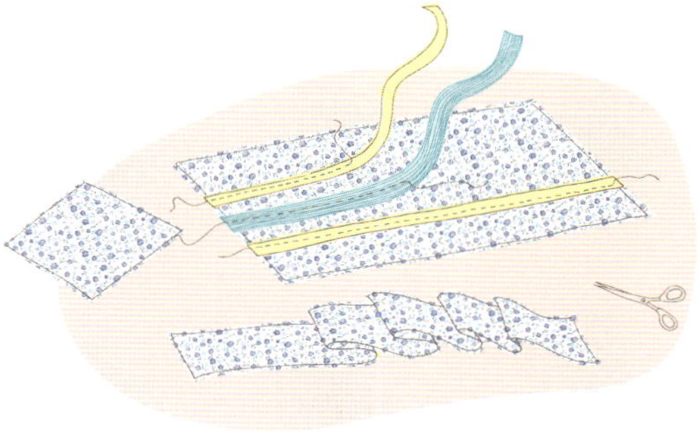

在细枝印花图案的布料上裁剪一块17厘米×68厘米的长方形布片做裙身的中片。再剪一块11厘米×100厘米的布条做花边。然后剪一块15.5厘米×17厘米的长方形做口袋。完成后，把印花布料取过来，开始裁剪19厘米×68厘米的长方形用于制作围裙的下片。把三条丝带用珠针固定在围裙的中片和下片的中间位置，丝带之间要留出一定的距离，疏缝后把丝带机缝到布片上。

3. 把一条17厘米×3厘米的厚实的纯棉布带纵向对折，一边折叠一边把折缝轻轻地熨平。然后按照第112页上的说明给口袋上那条17厘米长的布边包边。

4. 按照第114页上的说明，把用于制作花边布条的两个短边做双折边，先折叠5毫米再折叠1厘米，用珠针固定后再用机缝。把一条100厘米长2厘米宽的厚实的纯棉布带纵向对折，折叠好以后按照包边的说明给布片上的那条长边包边，包边时要把两头多余的布条折叠理齐。

5.

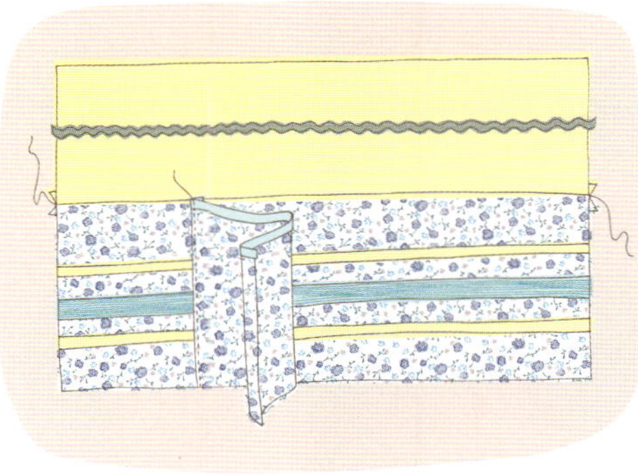

用围裙上片的正面对着中片的正面，沿着布片的长边缝制把这两个布片连接起来。缝合后把布片打开，摊在工作台上正面朝上，把接缝熨平。接下来把口袋布片的两个侧边向布料的反面折1.5厘米，再把口袋放在围裙中片布料上，用口袋已经包好边的上边沿对准围裙两个布片的连接缝，用珠针固定口袋，疏缝后机缝固定。

6. 把围裙的中片与下片正面相对缝制连接在一起。按照第114页和115页上的说明，将做花边的布条的一个长边用手工或用机器抽褶，抽好褶皱后这个边的长度为62厘米。用花边布条的正面对着围裙下片布料的正面，毛边对齐，花边的两端要比布片的两端短3厘米，用珠针固定后疏缝，再用机缝。缝制后把连接缝折叠在围裙的下片上，在正面缝一道明线，缝线要尽量贴近连接缝。

7.

将围裙的两个侧边双折边，每次折叠1.5厘米。折叠后用珠针固定，疏缝后再机缝。接下来按照手工抽褶的说明给围裙布片的上边沿抽褶皱，抽好褶皱后的边长为44厘米。

8.

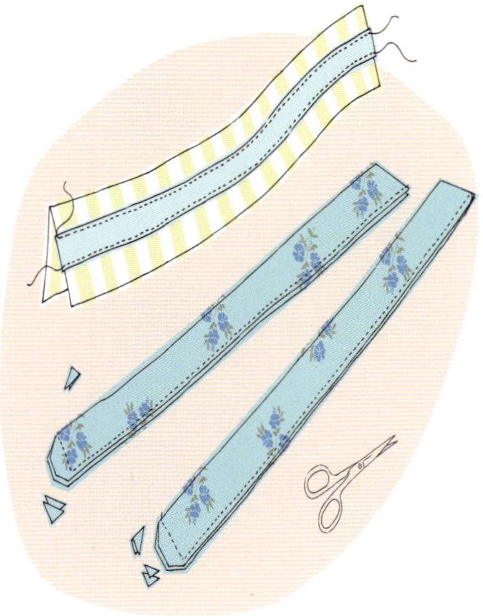

在条纹布料上裁剪一块13厘米 × 47厘米的长方形布片准备制作围腰。把布片反面相对纵向对折，压出一条折痕。然后打开围腰布片，把一条47厘米 × 2厘米的纯棉布带用针固定在围腰折缝一侧的布料中间。把布带粗缝一下然后用机器缝制到位。在印花布料上裁剪两条8厘米 × 48厘米的布条做腰带。腰带与围腰的连接方法请参看第119页上有关围腰与腰带的制作步骤2 ~ 4。

舞动的花朵围裙

这款围裙上的印花精美细致、生动形象。这些春天的花朵在浓浓的春意中骚动不安，仿佛在短小的围裙上雀跃舞动。那拥有浓郁色彩的朵朵鲜花相互辉映，在装饰花边的映衬下更加妩媚动人。穿上这款小围裙，好像是在给每个人传递着一个信息：春天来了！围裙上鲜花的颜色虽然亮丽鲜艳，但却不失温馨淡雅，围裙上边沿的褶皱以及口袋上的褶皱透露出女性的柔美。

制作材料：

55厘米×112厘米的印花布料，用以制作裙身及口袋

30厘米×112厘米的纯色布料，用以制作围腰及腰带

25厘米×112厘米与围裙布料颜色有反差的纯色布料，用以制作花边

8厘米×20厘米的纯色艳丽的布条，用以制作口袋的包边

缝纫机

缝衣针、缝纫线

如果没有特别说明，缝份均为1.5厘米

1. 选用书后纸型中围裙图样E以及第121页上的口袋图样2。把图样摆放在印花布料上，用珠针固定后裁剪出一个围裙裙片和两个口袋布片。

2. 在纯色布料上裁剪3个7.5厘米×103厘米的布条做花边。把3个布条连接成1个长布条，缝份可锁边或使用锯齿针法处理以免以后布丝脱落。然后按照第114页上的说明，在花边的一个长边做双折边，每次折叠5毫米。

3. 按照第114、115页上的说明，在花边的另一个长边上用手工或用机器抽褶，抽好褶后的长度为147厘米。用花边布条的正面对着围裙裙片的正面，注意在圆弧处把毛边对齐，用珠针固定，疏缝后机缝固定。缝份可锁边或用锯齿针法处理以防布边脱落。

4.

把两个口袋布片正面相对，沿口袋的曲线机缝，缝份为1厘米。在口袋的弯曲接缝上剪几个牙口，然后把口袋的正面翻出来。把口袋的上边沿的两个毛边对齐，开始抽褶，褶皱抽好后的长度为15.5厘米。

5.

在有色差的纯色布料上裁剪一个5厘米×17.5厘米的布条。把布条的正面相对，对折并且熨平。用布条的一面压住口袋的上边沿，缝份为1厘米。把布条翻过去压在口袋上边沿的背后，向下折叠1厘米，然后机缝口袋的包边，包边应遮盖住所有的毛边线头。

6.

下面开始在围裙布片的中央抽褶。抽好褶皱后围裙裙片的上边沿的长度包括花边的宽度在内一共是45厘米。在纯色布料上裁剪一条15厘米×49厘米的长方形做围腰，再裁剪两条9厘米×48厘米的布条做腰带。围腰以及腰带的制作方法参照第119页上的说明。

下午茶时光围裙

漂亮雅致、清新宜人的丝绸缎带似潺潺流水穿越围裙，艳丽的鲜花图案仿佛是盛典上才能见到的精美陶器上的花纹，仿绣主题花样星星点点遍布围裙，这款由台布改制的围裙生动形象地再现了往日下午茶愉快的时光。整个围裙柔美别致，具有手工绣花的风格，仿佛是一件家传珍宝，它是准备下午茶时的理想穿着。围裙给人们传递着富足安康的感受，鲜艳的方格丝带以及古典的镂空花边更为它平添了几分秀色，使其风格几近完美。

制作材料：

一条老式绣花台布，用以制作围裙的裙身

15厘米×112厘米的纯色布料，用以制作围腰

10厘米×112厘米方格布料，用以制作腰带

80厘米×4厘米镂空花边

6条80厘米×1.5厘米的各色方格丝带

48厘米×1.5厘米的绸带

缝纫机

缝衣针、缝纫线

如果没有特别说明，缝份均为1.5厘米

1. 在一条绣花台布上裁剪一个51厘米×78厘米的长方形布片用于制作围裙裙身，裁剪时要注意把台布上的主题绣花放在围裙的中心位置。用裙片的正面对着镂空花边的正面，把裙片的毛边与花边的边沿对齐然后缝制在一起。之后把缝合线向裙片一侧折叠，用熨斗压平，最后在正面机缝一道明线，针脚要尽量贴近裙片与花边的缝合线。

2.

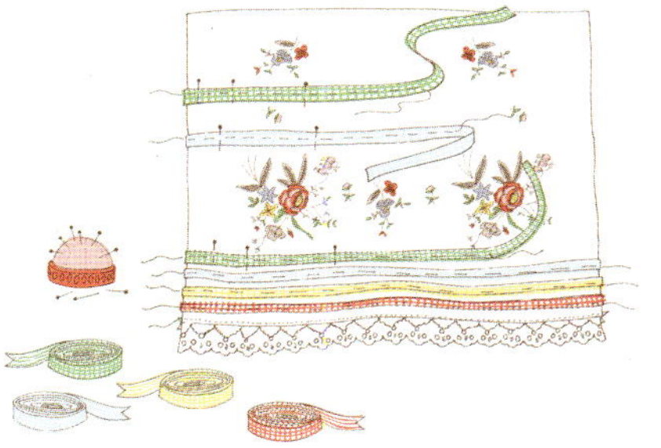

在裙片的下方和镂空花边的上方位置摆放4条80厘米长的丝带，丝带之间留出一定的距离，用珠针固定，疏缝后把丝带缝制在裙片上。再把另外两条80厘米长的丝带摆放在围裙的中间位置，然后机缝。接下来，按照114页上的说明，把裙片两侧的短边制作成双折边，双折边每次折叠1.5厘米。

3.

按照第114页上的说明，给围裙裙片的上边沿抽褶，抽好褶皱后上边沿的长度为44厘米。

4.

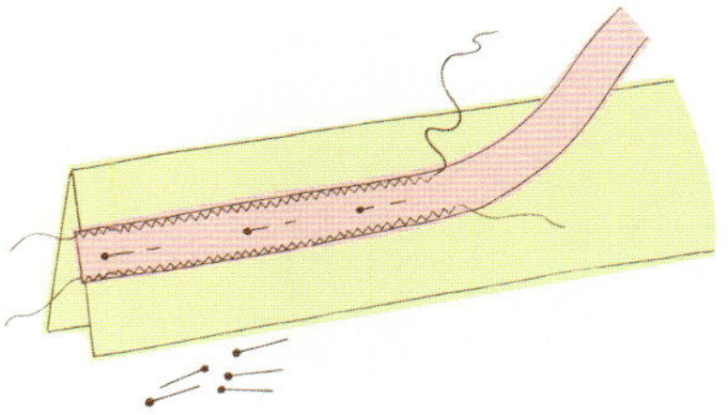

然后开始制作围腰。在纯色布料上裁剪一块13厘米×47厘米的长方形布片。反面相对沿中缝纵向折叠并且压出一道褶皱。打开布片，取一条48厘米长的缎带用珠针固定在中缝线一侧布片的中间位置上，疏缝后机缝到位。在方格布料上裁剪两个8厘米×48厘米的布条用于制作腰带。腰带的制作方法参看第119页上的有关说明。

纯色简约围裙

这款围裙的设计遵循的是简约原则。尽管这款围裙的制作不仅耗费工时，而且拼接技术有点复杂，需要能工巧匠，但是制作出来的效果十分简洁。围裙上的图案对称，两行小口袋轮廓清晰，线条明朗。口袋上方分别镶有窄窄的包边，与围腰和围裙的包边相呼应。围裙色彩淡雅，质地纯朴，看上去显得简单纯洁。这种审慎的风格和朴实无华的魅力将永不过时。假如制作精良，这一款围裙可终身使用，也许你的儿女们也会把它视为家珍，倍加爱护。

制作材料：

50厘米×110厘米的亚麻布料，用以制作围裙的裙身、口袋和腰带

300厘米×2.5厘米与围裙布料的颜色有反差的斜裁布条

彩色绣花棉线

缝纫机

缝衣针、缝纫线

裁缝专用画粉

如果没有特别说明，缝份均为1.5厘米

1. 首先制作围裙裙身。在亚麻布料上裁剪一个44厘米×58.8厘米的长方形布片。把布片正面朝上摆放在工作台上，布片的两个长边位于工作台的两侧，两个短边一上一下。使用一个直径为14.5厘米的碗放在布片的两个下角上，沿碗边画圆弧线，然后再把线外的边角剪掉。

2.

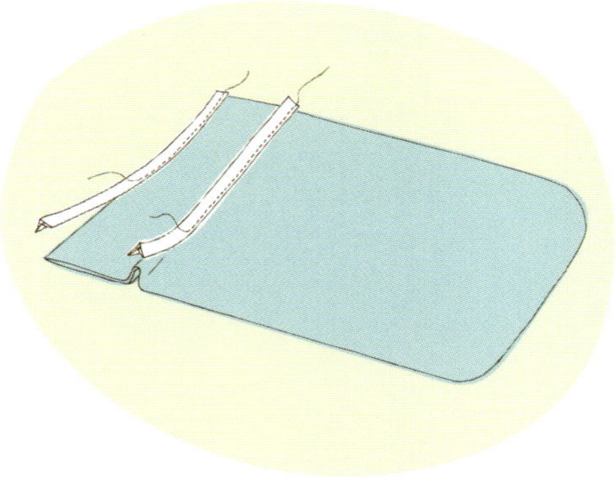

把裙片的上沿向布料的反面折叠5厘米准备制作仿围腰，折叠后用熨平。然后再折叠5厘米，再熨平。剪一条48厘米长的斜裁布条，按照第112页上的说明，沿刚折叠的缝以及布片的毛边包边。包完边后，打开褶皱，让包边的面向下熨平。接下来，让裙片布料正面向上，用一条48厘米长的包边布条给其余折叠好的布缝包边。

3.

选用第126页上的口袋图样5。把图样摆放在亚麻布料上，裁剪4个口袋。用14厘米长的包边布条分别给4个口袋的上沿包边。口袋其余的3个边向布料的反面折叠1.5厘米，口袋的两个边角折叠成圆弧形，剪掉多余的布边。之后把4个口袋用熨斗熨平。把这4个口袋整齐地摆放在围裙布料上，用珠针固定，疏缝后机缝，缝线要尽量贴近口袋边沿。接下来要在口袋边线1厘米的地方缝一条明线。最后使用彩色绣花线手工沿着这道明线绣一道装饰线。

4.

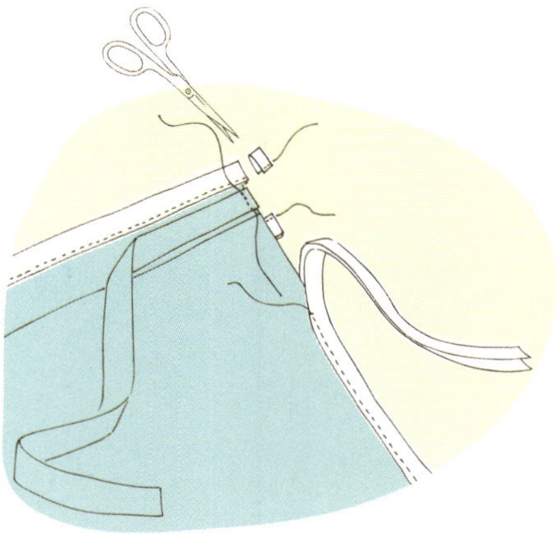

下面开始制作腰带。在亚麻布料上裁剪两个9厘米×60厘米的布条。布条正面相对，纵向折叠，从布条的一个短边开始一直到布条的长边缝合布条。缝合后把布条从剩下的一个短边处翻至正面，边角理齐后熨平。用腰带余下的短边的毛边对着围裙两侧布料反面的毛边，在布边的5毫米处缝制，把腰带连接到裙片上。

5. 用一条145厘米长的斜裁布条给围裙包边，注意要把所有多余的布边线头都整齐地包裹在内。

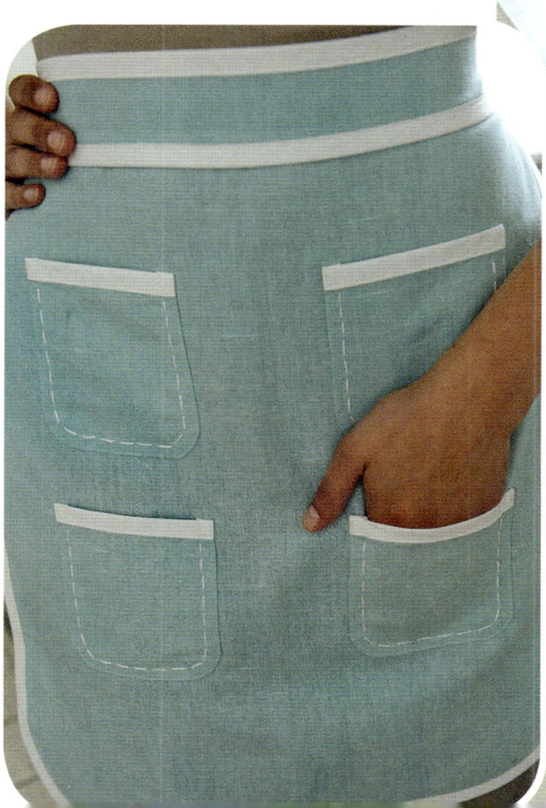

简易十字绣图案围裙

古老的十字绣赋予这款围裙以设计灵感。裙边以及口袋上的装饰使围裙特色鲜明，与众不同。你可以在布料上绣一些简单的图案，或者绣上较为复杂的字母、名字和主题花朵，而且都可以利用布料上的方格制作成十字绣，以确保你的绣品整洁匀称。如果你没有绣花的时间，还可以使用布料画笔在围裙的格子上画一些图案。绣制的雏菊花边十分漂亮，也可用来替代图中围裙的花边。

制作材料：

70厘米×112厘米的方格布料，用以制作围裙裙身、围腰、腰带及口袋

228厘米长的与布料颜色有色差的大波浪花边

彩色棉质绣花线

缝纫机

缝衣针、缝纫线

如果没有特别说明，缝份均为1.5厘米

1. 在方格布料上裁剪一个50厘米×58厘米长方形布片做裙身，两个9厘米×83厘米的布条用于制作二合一的围腰腰带，以及一个17厘米×24厘米的长方形口袋布片。

2. 按照第114页上的说明，将围裙裙身布片的两个短边和一个长双折边，双折边向布料反面折叠，每次折叠1.5厘米。裁剪一条52厘米长的大波浪花边，把花边缝制在距裙片底边8厘米的位置上，缝制后，把花边的两端折叠理齐。再裁剪一条142厘米长的花边，把花边缝制在裙片的底边以及两个侧边上。

3.

在围裙的底边由两条大波浪花边形成的长方形中使用彩色绣花线绣十字绣花图案。

4.

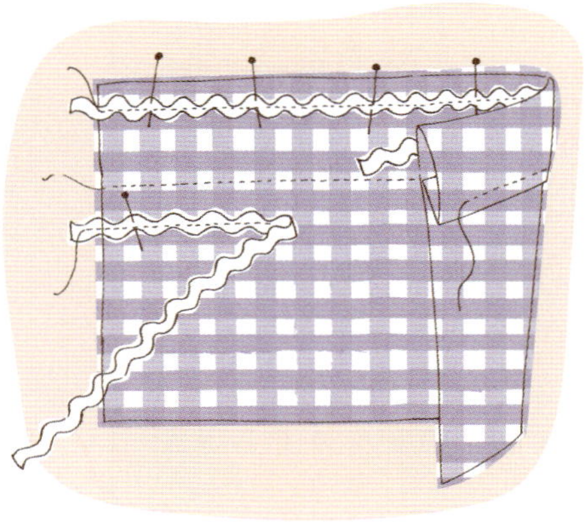

下面加工口袋。先把口袋的一个短边做成双折边，折叠1.5厘米然后再折叠5厘米。沿着折叠缝把两条17厘米长的花边缝制在口袋上，再在两条花边之间的方格布料上绣十字绣图案。接下来把口袋剩余的3个边向布料的反面折叠1.5厘米。最后把口袋摆放在裙片上方，用珠针固定，疏缝后机缝固定。

5.

在裙片的上方的毛边打两个2厘米的褶皱，使裙片的宽度缩减为44厘米，并用机缝褶皱固定。接下来把裙片对折，找到中心点，再用剪刀在裙片上边沿剪一个牙口。

6. 最后，按照第118页上的说明加工围腰与腰带二合一的围裙带。

美丽的田园围裙

命途多舛的法国女王玛丽·安托瓦内特也许会爱上下面这款多层羽毛状小围裙。事实上，这位女王也许正因为极度奢侈地偏爱诸如此类的服饰才会被送上断头台命丧九泉。也许女王会穿着这样一款围裙，在她的小特里阿农别馆——修建在凡尔赛宫附近的娱乐农场——赶着一群小羊漫步田野上。围裙的布料选用的是经过水洗退色的蓝色印花布，围裙的周边都镶有花边，这件层次分明、飘逸舞动的围裙具有法国著名画家弗拉戈纳尔的田园风景画的风格。

制作材料：

60厘米×280厘米的蓝色水洗印花布料，用以制作围裙的裙身、荷叶花边、颈带以及围腰

360厘米×3.5厘米的花边

图样用纸

缝纫机

缝衣针、缝纫线

如果没有特别说明，缝份均为1.5厘米

1.

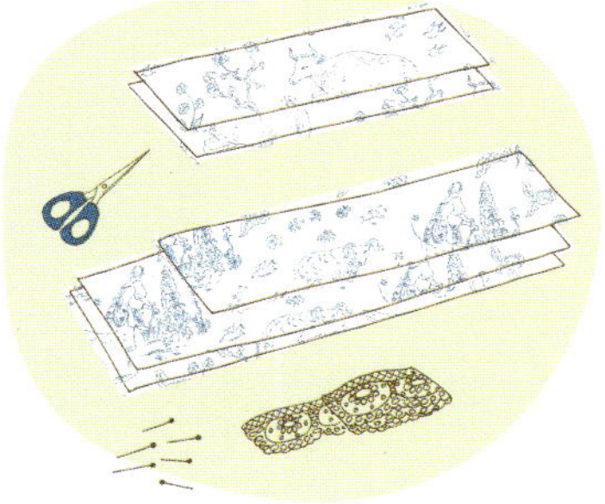

在蓝色水洗印花布料上，首先裁剪一块14厘米×66厘米和一块19厘米×66厘米的长方形布片做围裙的内衬，再裁剪一块16厘米×87厘米的宽布条用于制作围裙上部的荷叶边，裁剪两个21厘米×123厘米的宽布条用于制作围裙中部和下部的荷叶边。

2. 按照第114页上的说明，在这3个准备制作荷叶边的布条的两个短边和一个长边做折边，第一次折叠9毫米然后再折叠5毫米。用珠针固定后疏缝，再机缝布边，针脚要尽量贴近折叠缝。

3.

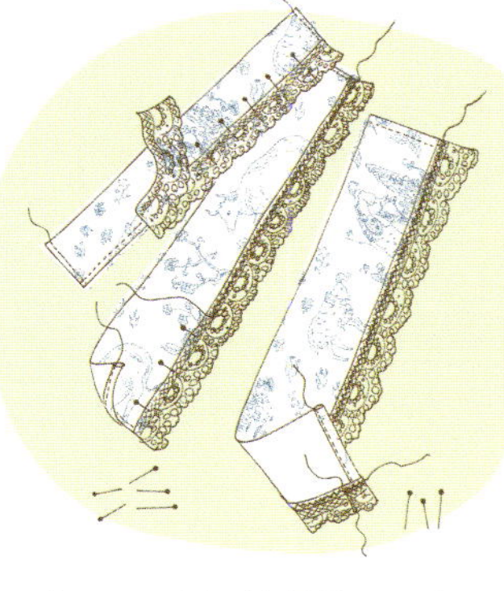

裁剪一条88厘米长的装饰花边给围裙上部的荷叶边镶边，再裁剪两条124厘米长的装饰花边给围裙中部和下部的荷叶边镶边。用锁边的方法把花边缝制到荷叶边上，花边的两端打理整齐，折叠在荷叶边内。

4.

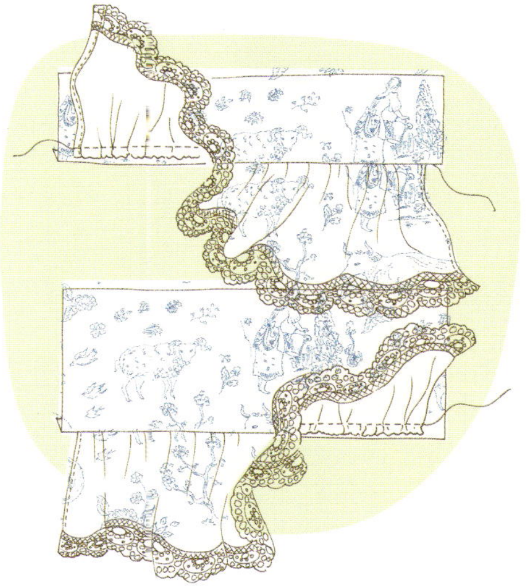

按照第114页上手工抽褶的说明，或者按照第115页上机缝抽褶的说明，给围裙上部和下部的荷叶边布条抽褶。把抽好褶皱的围裙下部荷叶边连接到较大的一块围裙内衬布片的底边上，注意荷叶边的长度在两侧要短于内衬布片的长度3厘米。再把抽好褶皱的围裙中部的荷叶边连接到较小的那一块内衬布片的底边上，同样，荷叶边两侧应短于内衬布片3厘米。

5. 把围裙的两个内衬布片正面相对，毛边对齐，拼接在一起。裙片的两个侧边做双折边，每次折叠1.5厘米。

6.

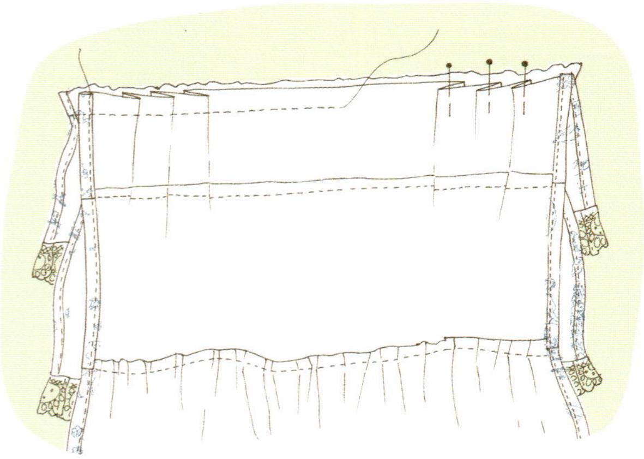

在围裙内衬布片上边沿的两侧分别做出3个1.5厘米的大褶皱，使围裙腰部的宽度为42厘米。然后在围裙上部的荷叶边布条的上边沿抽褶，使上边沿的宽度为42厘米。把内衬布片的毛边与荷叶边的毛边对齐，用针固定，最后机缝。

7. 下面开始制作围裙上面锥形的围兜。先在图纸上画一个边长为25厘米的正方形，裁剪。把正方形的一个边作为围兜的顶端，在两侧各量出2.5厘米并标记这两个点，然后从这两个点出发向各自对应的左右两个角画直线，沿着这两条线裁剪，剪出锥形的围兜图样。

8. 把围兜的图样用针固定在布料上裁剪围兜布片。再在布料上裁剪一个4.5厘米×22厘米的布条和两个4.5厘米×70厘米的布条，按照第112页上的说明准备给围兜包边。

9.

用较短的包边布条先给围兜的上边沿包边，毛边线头要理齐。裁剪一条20厘米长的花边，固定在围兜上边沿的下方，然后机缝。围兜的两侧使用70厘米长的布条包边，用珠针固定后机缝包边布条，之后要把包边布条的接缝处折叠整齐，最后缝合。

10.

把围裙裙身与围兜都纵向对折，找到中心点，剪一个牙口做标记。把围裙与围兜布料的反面相对，毛边对齐，两个布片的中心点也对齐，用珠针固定后在布边的1.5厘米处缝合。

11. 下面制作围腰与腰带二合一的围裙腰带。在印花布料上裁剪一个9厘米 × 153厘米的布条，按照第118页上的二合一腰带的说明操作即可。

12. 把加工好的腰带布条压在围兜下沿，机缝一条明线穿透各层布料，把腰带连接在围裙上。

双口袋围裙

这款围裙的设计灵感来自体育比赛中拉拉队长常穿的那种“拉拉裙”，趣味横生、活泼轻盈、时尚现代。围裙由两块颜色不同的半圆布片构成。两个布片先重叠拼接在一起，然后再把布料的正面翻出来，所以这款围裙可以正反两穿，可以把有图案的布料穿在外面，也可以把纯色的布料穿在外面。围裙上的两个口袋也是双层的，内面加有一层不同颜色的纯色布料。口袋的包边布条色泽艳丽，不仅让整个围裙看上去更加美丽诱人，而且给布料上精美的图案锦上添花。假如你想把这款围裙做成传统的式样，可以去掉口袋，换上一个狮子狗的主题贴布，再在围裙的底边和围腰处添加几道大波浪花边即可。

制作材料：

70厘米×112厘米的印花布料，用以制作围裙的外层以及口袋

90厘米×11厘米的纯色布料，用以制作围裙的内层、口袋、围腰以及腰带

56厘米×2厘米与围裙布料颜色协调的彩色斜裁布条

图样用纸

缝纫机

缝衣针、缝纫线

如果没有特别说明，缝份均为1.5厘米

1.

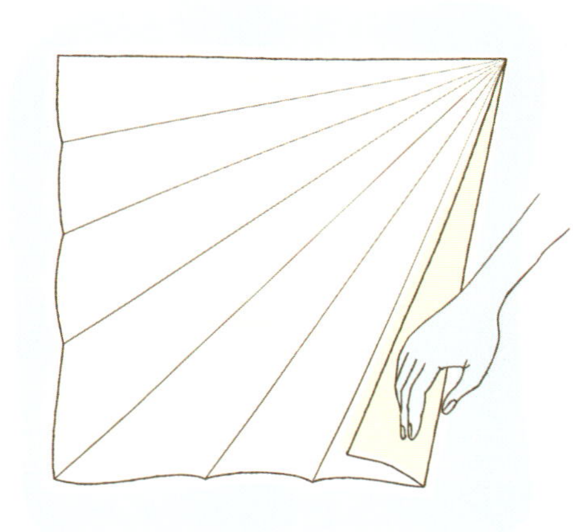

在图样用纸上裁剪一个边长为58厘米的正方形。把正方形对角折叠，然后沿对角线继续折叠，一直折叠到把正方形用扇形对角线分成八等份为止。

2.

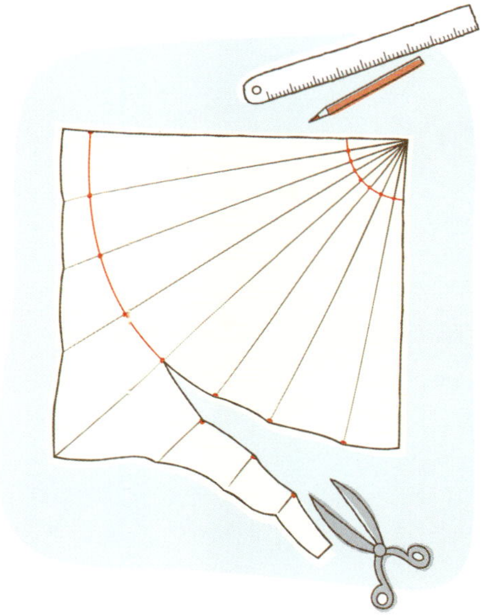

把图纸打开。从右上角对角线的始点开始，沿对角线量出14厘米，并在每条线上的14厘米处用笔做标记。然后再从做了标记的14厘米处继续沿着对角线测量，这次量出41厘米，并且用笔在这些点上分别做标记。做完标记后，用笔连接各点，形成一大一小两个圆弧。最后沿着这两条弧线裁剪，剪掉右上角小圆弧线外的边角和左下角大圆弧外的边角。这样半圆裙片的图样就制作完成了。

3.

把印花布料纵向对折，把围裙图样摆放在布料上，用图样上的一条直边对着布料的折叠缝。用珠针固定图样，然后裁剪布料。用同样的方法裁剪纯色布料。

4.

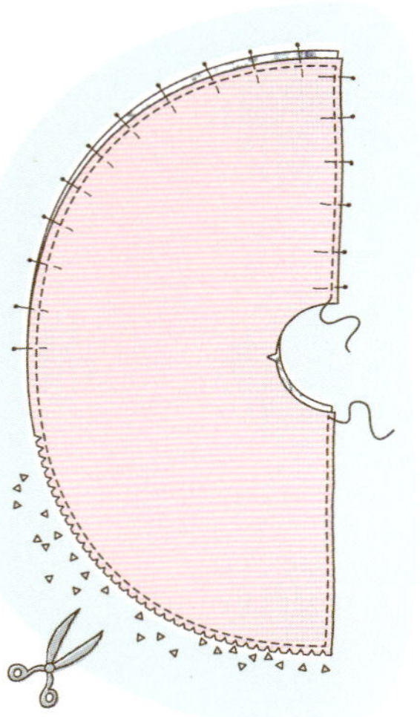

打开两块布片，正面相对，布边对齐，用珠针固定后沿着布片的直线边和大圆弧线机缝，把裙片缝在一起。缝制后整理接缝，剪掉边角，在大圆弧布边上剪一些牙口。

5. 把裙片翻至正面，用熨斗把接缝压平，在接缝的边上5毫米处机缝一道明线。

6.

在裙片的小圆弧的边线上12毫米处用机缝一道直线。缝制后用剪刀在线外的布边上剪一些小牙口，以便连接围腰时可以把布边拉直。

7. 现在开始制作围裙上的口袋。使用一个直径为16厘米的盘子做模具，分别在印花布料上和纯色布料上各裁剪两个圆形口袋片。把一个印花布料的口袋片与一个纯色布料的口袋片的反面相对，沿着圆边缝制，要留出5毫米的布边，把口袋制作成双层。裁剪一条54厘米长的包边布条，按照第112页上的说明，给口袋包边。另一个口袋的制作方法相同，但是注意两个口袋的包边布颜色不同。

8. 把第一个口袋摆放在围裙上，在原有的针脚上缝制一道明线把口袋缝制到围裙上。大约在圆形口袋四分之三的地方留口，口袋开口的大小以能伸进去手为准。第二个口袋要压在第一个口袋下方，口袋的缝制方法与第一个口袋的缝制方法一样。把两个口袋上方的半圆部分向下翻面折叠，用熨斗压平即可。

9. 在纯色布料上裁剪一个12厘米×48厘米的布条用以制作围腰。制作方法参看第117页上的说明。

10. 最后制作腰带。在纯色布料上裁剪两个8厘米×70厘米的布条，按照第119页上有关简易腰带的制作说明处理这两个布条。然后把腰带的一端分别连接在围腰的背面，上下缝制固定腰带。整理好布边后，把腰带翻过来压住上下缝制的针脚，再在腰带的折叠部分缝制加固腰带。注意缝制后腰带顶端的毛边线头不能外露。另一侧的腰带连接方法相同。

基本技巧

贴布

1. 把设计好的主题贴布绘制在硬纸板上，然后裁剪制成贴布。

2. 剪一块背面有贴纸的双面黏合纸的正方形纸片，纸片要能够容纳你所设计的主题贴画。把这个正方形的胶面朝下放在准备用来制作贴布的布料的反面，然后使用熨斗把黏合纸压在布料上。

3. 把主题贴布放在布料有粘贴纸的那一面上，用铅笔把贴布绘制在布料上。

4. 细心地裁剪贴布，并把粘贴纸撕掉。

5. 把主题贴布摆放在围裙布料合适的位置上，有胶的那一面朝下，然后用热熨斗熨烫粘贴。

6. 如果想把贴布制作得专业一点，可以用缝纫机沿着贴布的边沿锁一道边。

包边

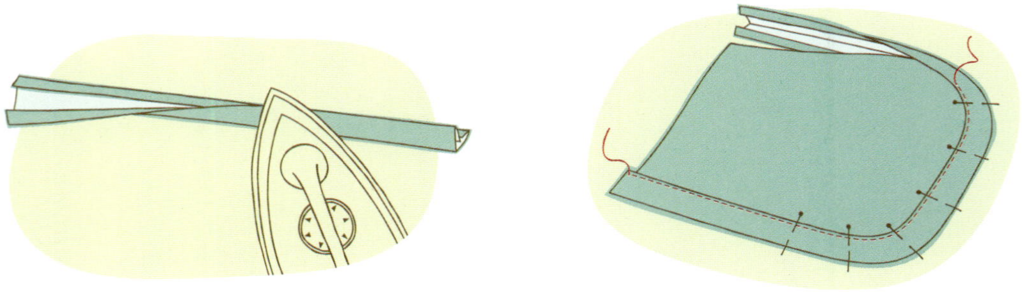

1. 把斜裁布条纵向折叠，一边折叠一边用蒸气熨斗压平。

2. 整齐地把布料的毛边包裹在折叠好的布条内，用珠针固定，疏缝后用机器缝制。注意：包边时布料的拐角处一定要先用熨斗压平，以免出现褶皱。

蝴蝶结——十字交叉式

1. 先把一个斜裁布条纵向折叠，用珠针固定后疏缝，再机缝。把布条打成蝴蝶结，中间缝数针固定。

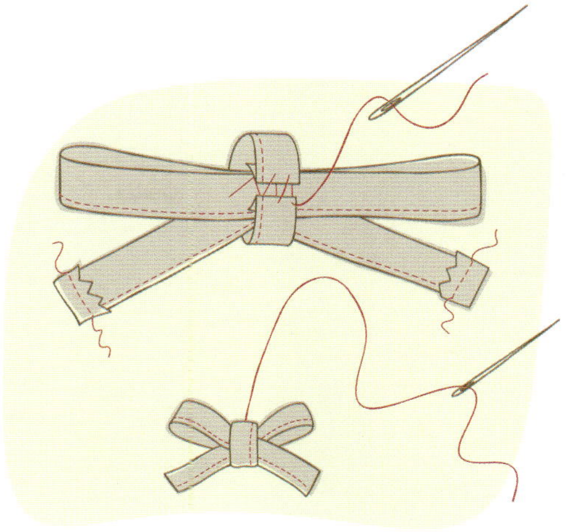

2. 用一个小布条缠绕在蝴蝶结的中央，在小布条的背后缝针固定封口。

蝴蝶结——层叠式

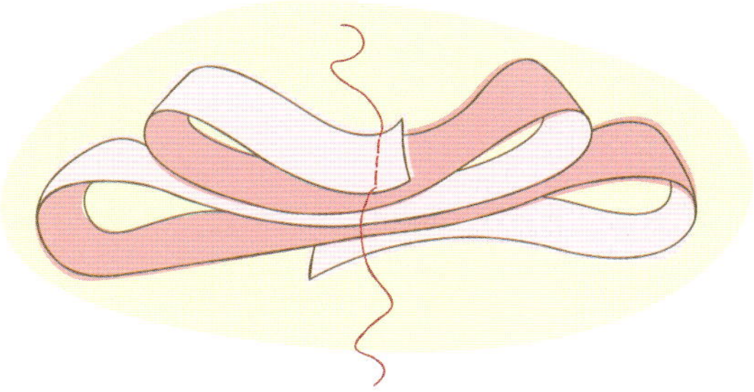

1. 裁剪一条丝带，层叠摆放形成双环，然后在中央位置缝针固定。

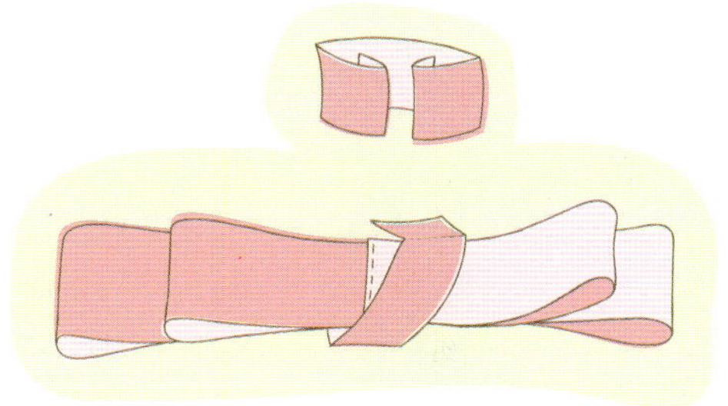

2. 裁剪一小条丝带包裹蝴蝶结的中央固定，做成层叠式蝴蝶结，最后在背面缝针固定。

中心点凹口

假如围裙图样的两侧是对称的，那么，围裙布料裁剪之后，就应该把布料对折，找到中心点后在上下两边的布边上剪小三角口做标记。这样，在拼接围裙的各个布片时，就可以参照中心点，使围裙制作更加精确。

双折边

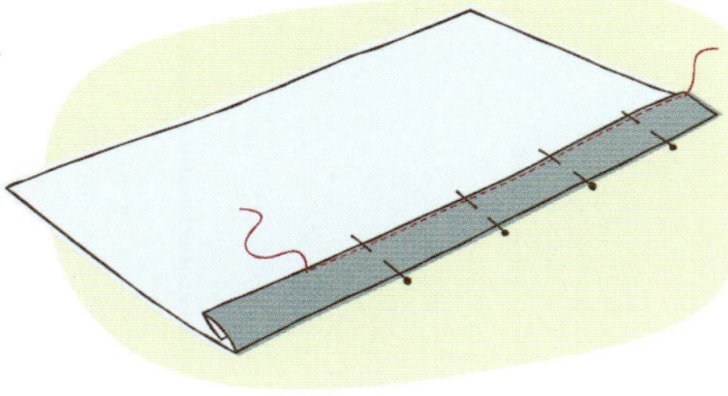

1. 双折边的制作首先要根据每个款式的围裙上具体标明的尺寸，按要求先向布料的反面折叠，然后熨平。

2. 再折叠一次，用珠针固定，疏缝后机缝，缝制的针脚要尽量贴近布边的折缝。

毛边处理

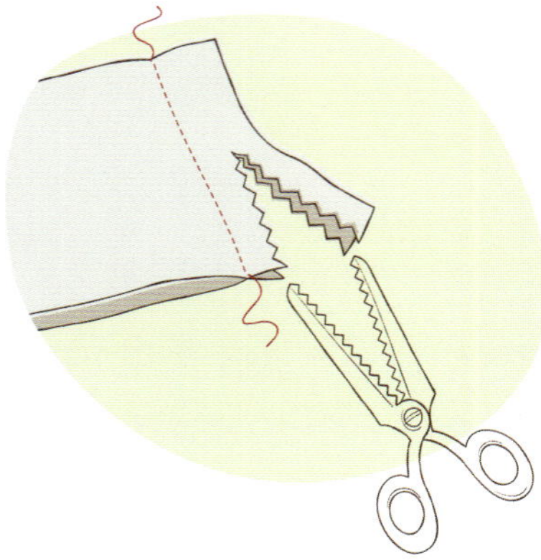

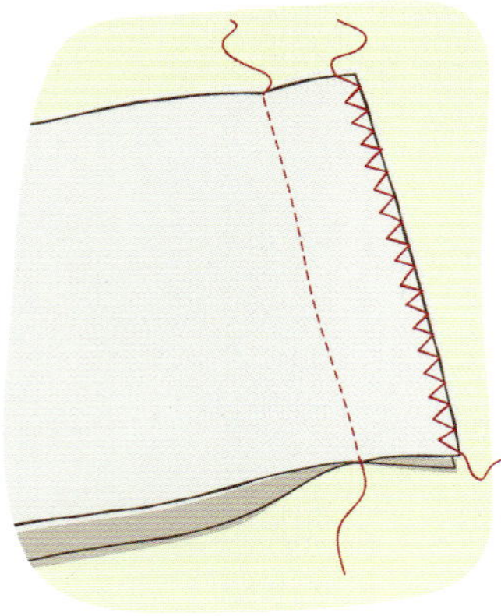

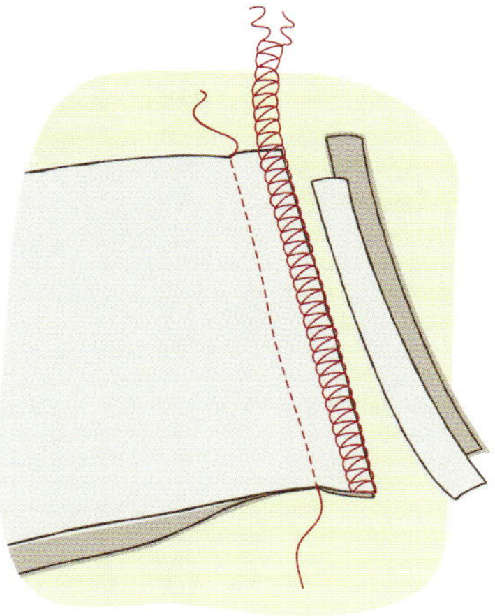

1. 用锯齿剪刀裁剪布边。

2. 把缝纫机的针脚调到最大，然后用之字针法缝制布边。

3. 如果想使围裙制作专业化，最好使用锁边机处理布边，这样不仅锁住了布丝同时也修整了接缝。

抽褶——手工

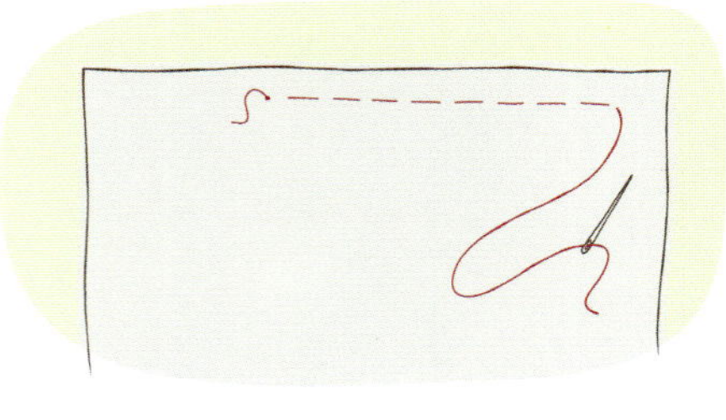

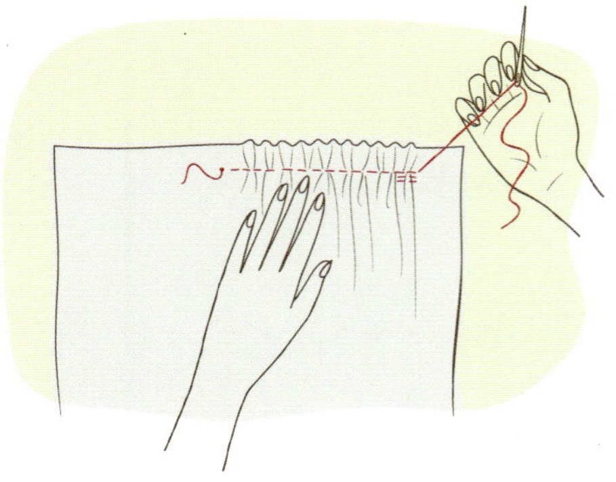

1. 拿针线先在准备抽褶的布边上用大针脚缝一道线。

2. 轻轻地拉动线头，直到布边达到所需的宽度。拉线头时注意褶裥保持均匀。最后缝制固定褶裥。

抽褶——机器

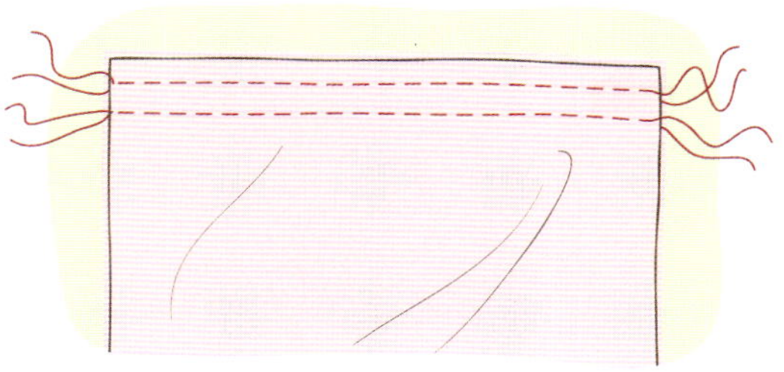

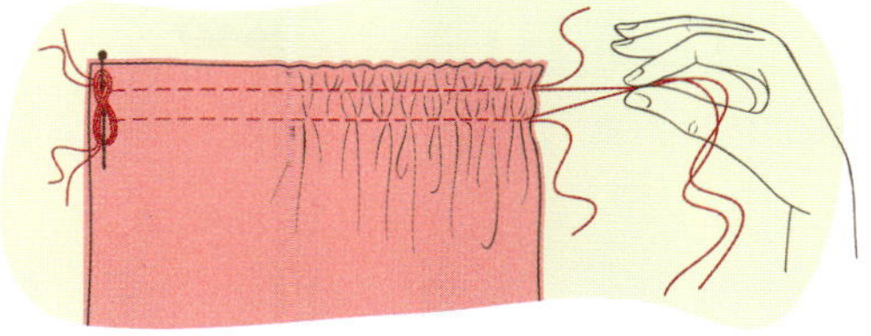

1. 把缝纫机的针脚调到最大。然后在准备抽褶的布边平行缝制两道线，两道线之间相隔1厘米。

2. 把一侧的线头用针固定，在另一头轻轻拉动线头直到布边达到所需的宽度。注意褶裥要均匀，然后用针把这一端的线头也固定好。

3. 在把抽好褶皱的布料与别的布料拼接时，应使用缝纫机上正常的针脚，在抽褶的两道线中间的地方缝制。最后把抽褶用的那两道线去掉即可。

口袋——松弛式

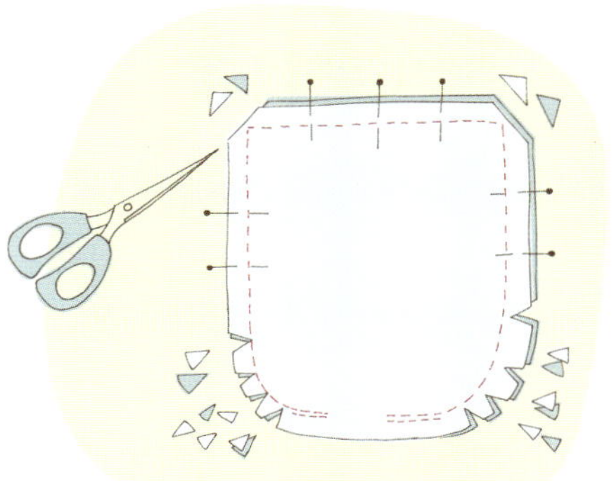

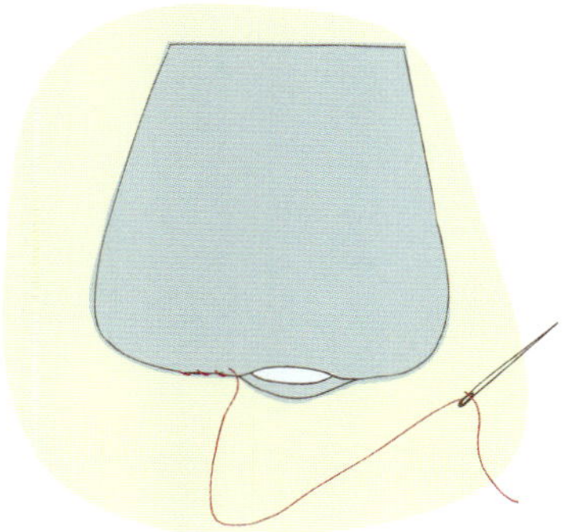

1. 首先裁剪两块口袋布片。把两个口袋片的正面相对，毛边对齐。用珠针把两个口袋片固定，疏缝在一起。留出缝份，机缝布边，注意在口袋的下方留一个小返口。剪掉口袋上面的两个直角，并在口袋下方两个圆弧拐角处剪几个三角牙口。

2. 把口袋由返口翻至正面，用熨斗把接缝压平。

3. 把暴露在外的线头塞进预留返口内，最后用针缝合返口。

口袋——平贴式

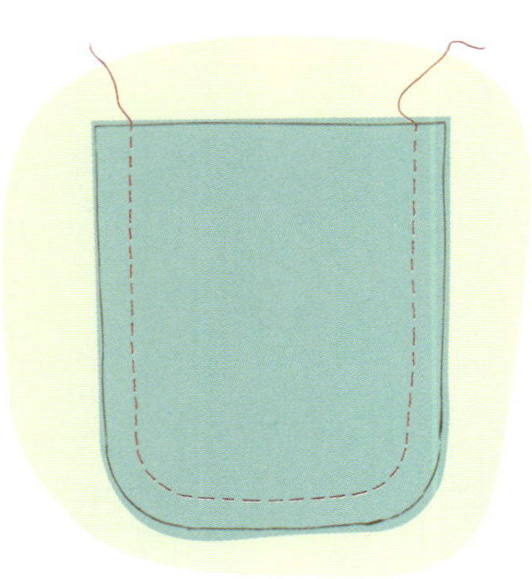

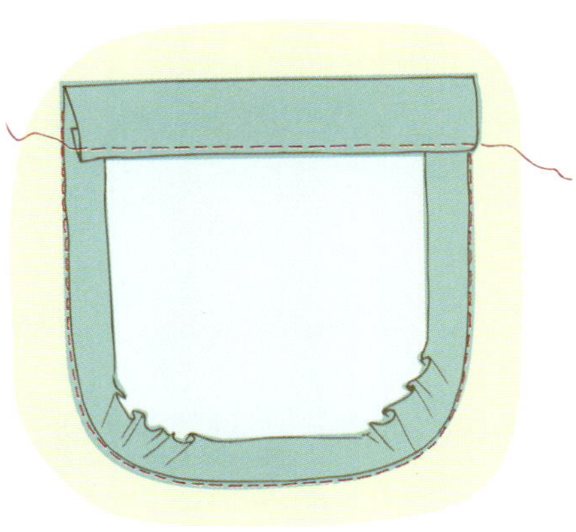

1. 选用颜色合适的线沿着口袋的边线缝制一道明线。

2. 把缝制线外的布边向布料的反面折叠。在口袋的圆角处把多余的布边折叠好并用熨斗压平。

3. 把口袋的上边沿制作成双折边，然后机缝固定。

口袋——模板式

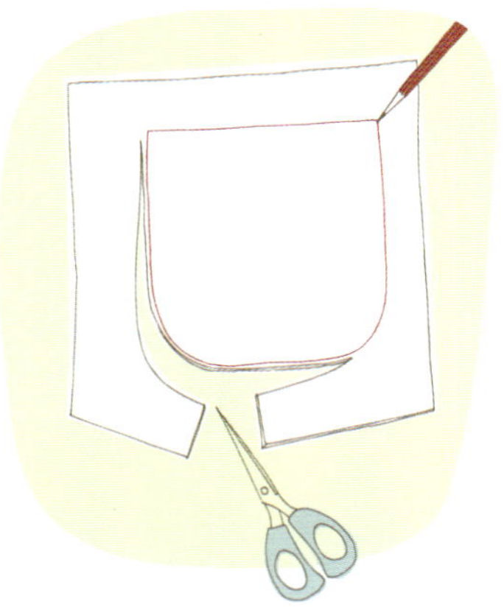

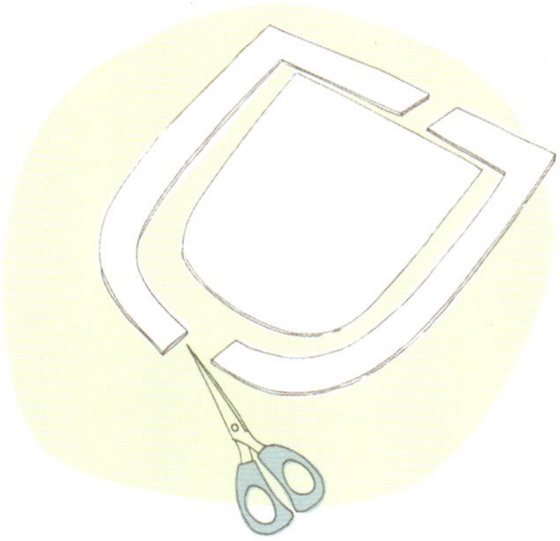

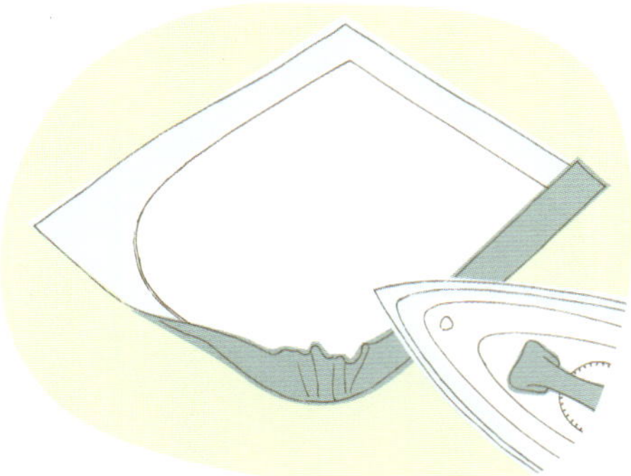

1. 在纸板上画出口袋图样，然后裁剪。

2. 把口袋图样的缝边剪掉，就做好了口袋模板。

3. 把口袋模板放在口袋布料的反面，并用缝边包裹，接下来用熨斗压平。最后把模板取出，把口袋缝制在围裙上。

剪切布角

在布料的缝份外斜着剪掉布角。这样做是为了去掉多余的布边，布片翻面时就可以使其棱角分明，接缝整齐。

围腰——基本款式

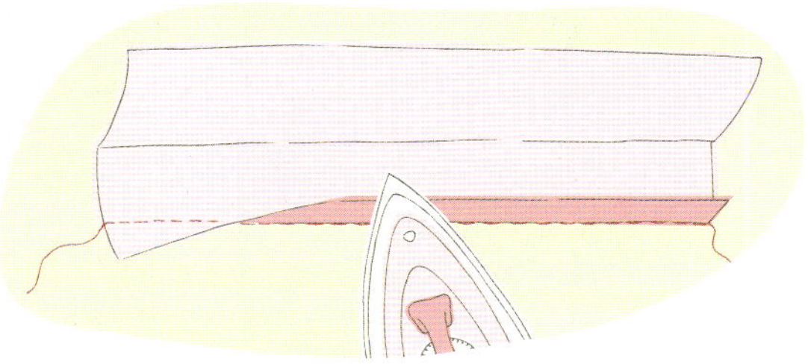

1. 制作基本式围腰时，先按照围裙要求的尺寸裁剪布条。再将布条的反面相对，纵向对折并轻轻地压出一道折缝。这道折缝即作为围腰的上边沿。

2. 用机器沿围腰的一个长边的毛边1.5厘米处缝制。这条边可以作为连接围裙与围腰的参考线。

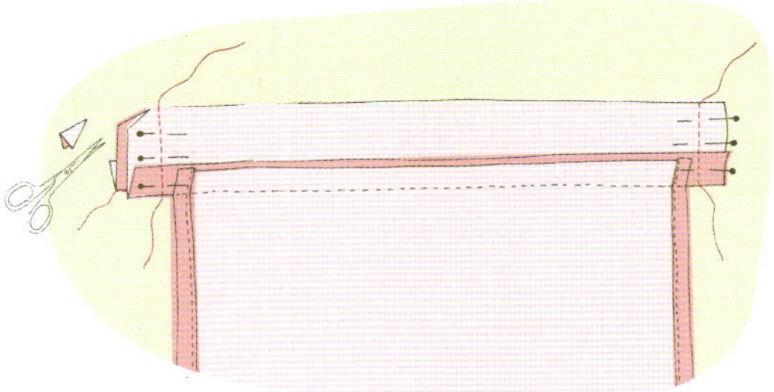

4. 打开折叠的围腰，翻过来让围腰布料的正面相对。把围腰两端的毛边对齐，用珠针固定并机缝固定。接下来把围腰上沿两侧的直角斜着剪掉。

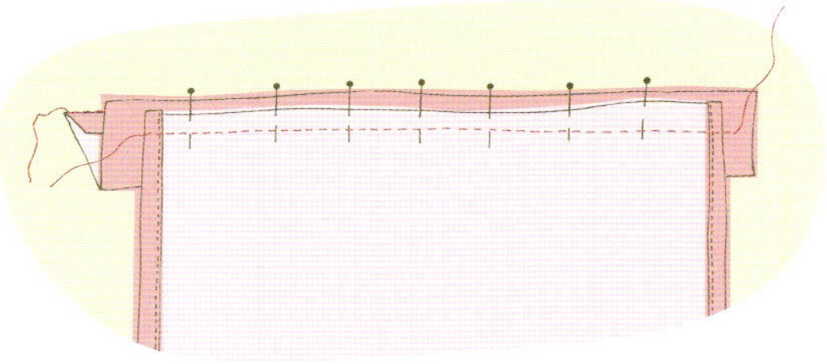

3. 把还未缝制的围腰的另一条边的正面与围裙布料的正面相对，毛边对齐，然后缝制连接。

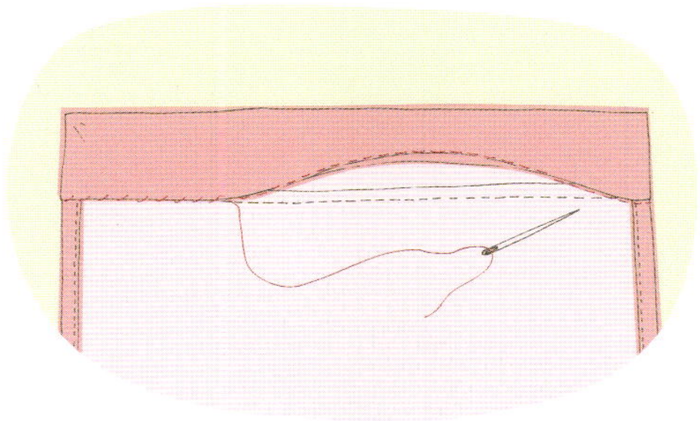

5. 把围腰翻至正面。翻面时把围腰上预先缝制的那道线作为基准线，用珠针固定，并用机器缝合围腰。

围腰——围腰与腰带二合一

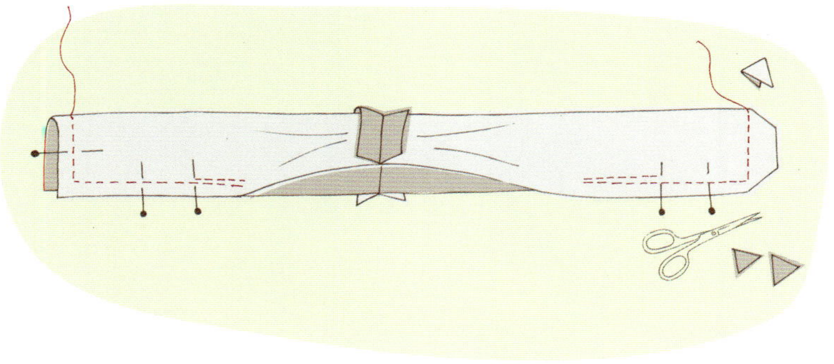

1. 制作二合一的围腰带时，先按照围裙的要求裁剪两个布条。把这两个布条拼接成一个长布条并把接缝压平。让布条的正面相对，布边对齐，纵向对折。用珠针固定后开始把布条的两个短边和一个长边缝合。缝合时注意在围腰带的中间位置至少留出50厘米的开口。把围腰的4个小脚在缝制线外斜着剪掉。

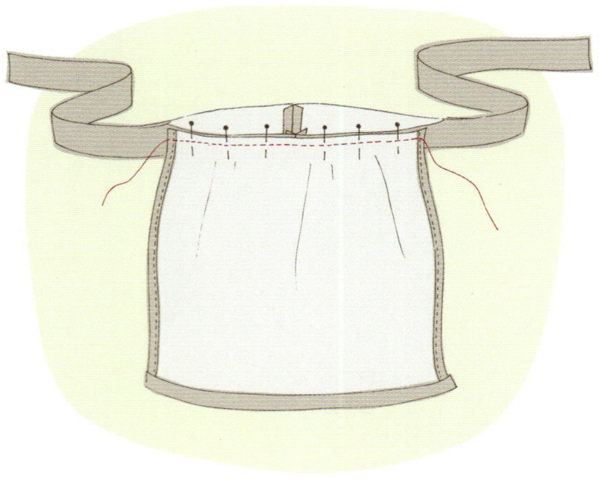

2. 把围腰带翻至正面。用珠针把围裙布片固定在围腰中央的开口处，布边对齐，一定要用围裙的中间点对准围腰的中缝，然后用机器缝合。

3. 把围裙的毛边线头都塞进还未缝合围腰内，最后手工缝合开口。

围腰——连接腰带式

1. 制作这种围腰时先要参照围腰基本款式制作方法的步骤1、2、3加工布条。

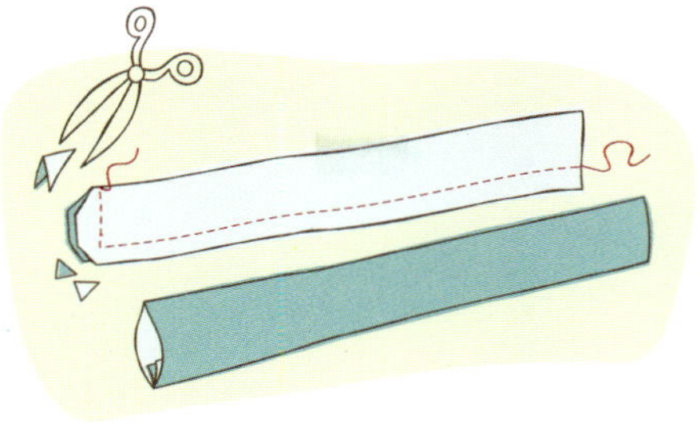

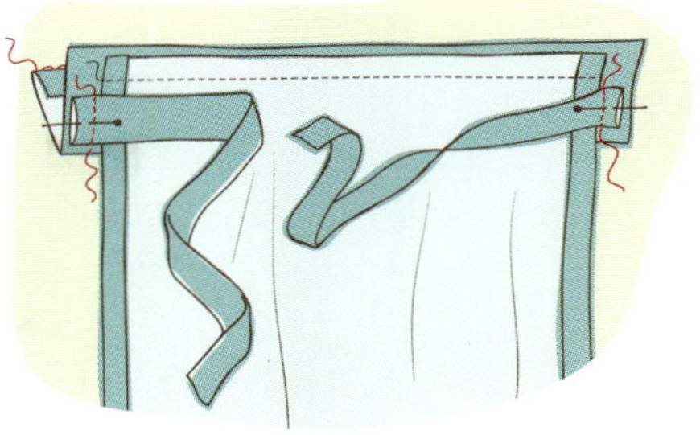

2. 下一步裁剪腰带。按照围裙要求的尺寸裁剪两个布条。让布条的正面相对，纵向对折，然后把布条的两个短边和一个长边缝合。缝合后把布条的边角打理整齐，再把腰带布料的正面翻出来。

3. 用腰带的一端对着围腰前部的一端，确保腰带的上边缘要处在围腰褶缝的下方。用珠针固定，疏缝后机缝固定。

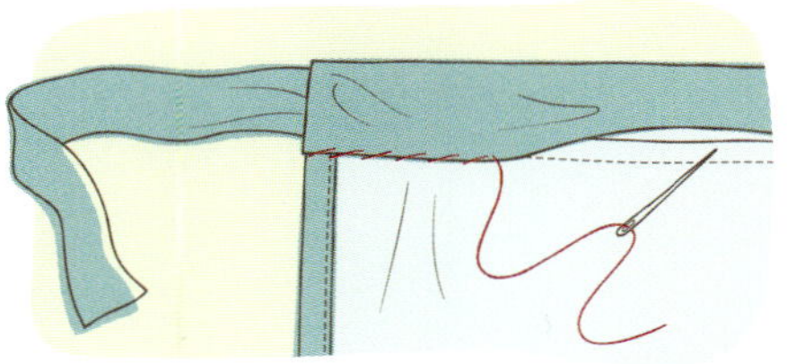

4. 接下来，按照第117页上围腰基本款式的制作步骤4和5把围腰制作完成。

腰带——简易式

1. 制作这种腰带要先按照围裙的制作要求裁剪一个布条。把布条的正面相对，纵向折叠，并在布条之间夹一个长于腰带布条的纯棉织带。

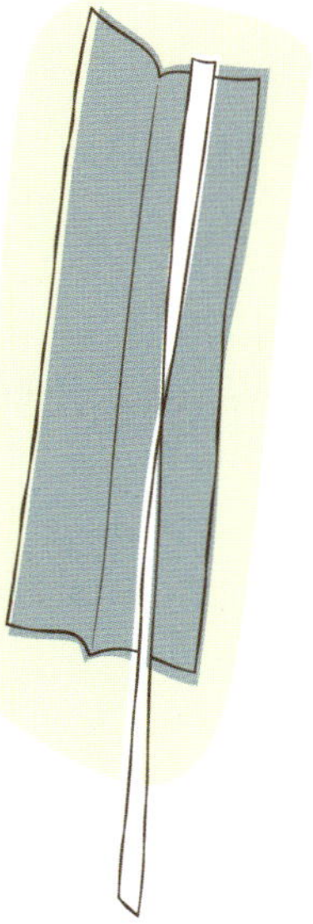

2. 用机缝拼接布条的一个短边和一个长边。

3. 拉住纯棉织带，把布条的正面翻出来。

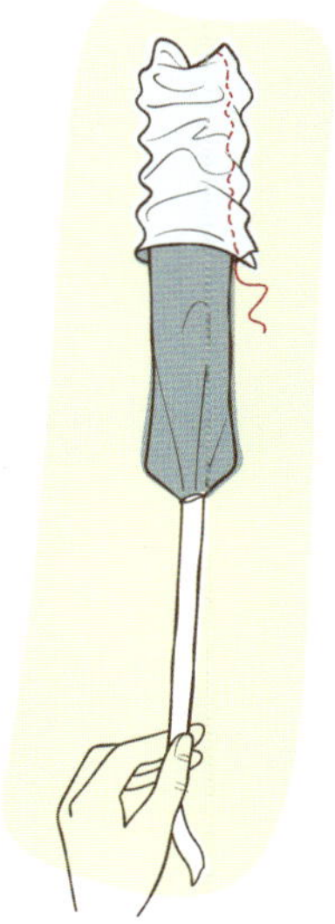

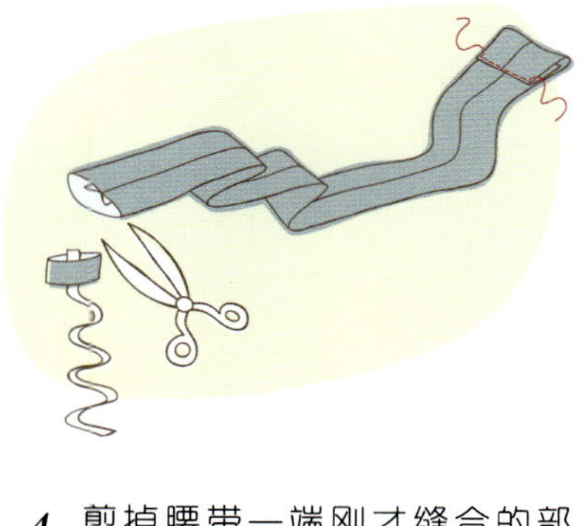

4. 剪掉腰带一端刚才缝合的部分。

5. 用手滚动腰带布条，把布条的纵向接缝置于腰带中间位置。用熨斗压平，并把腰带的一端折叠缝合，最后用机缝固定。

口袋图样与主题贴布

以下是按实际大小绘制的图样，图样尺寸包括缝份在内（每一款围裙所要求的缝份的尺寸各有不同）。大部分的图样显示的是半图。图中的虚线或标明为“中缝线”示意在裁剪布料之前应把布料沿此线对折。假如你需要整个图样，可以把图纸对折，再把下面的图样放在图纸上裁剪即可（注意裁剪之前要把图纸的对折缝与图中的“中缝线”对齐），裁剪后打开图纸即是全图样，可直接放在所选的布料上裁剪。

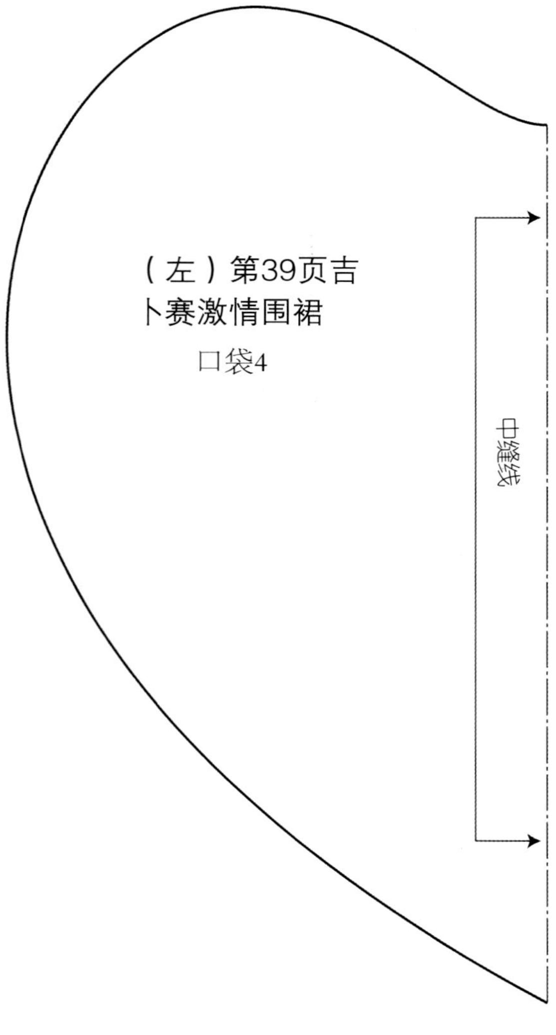

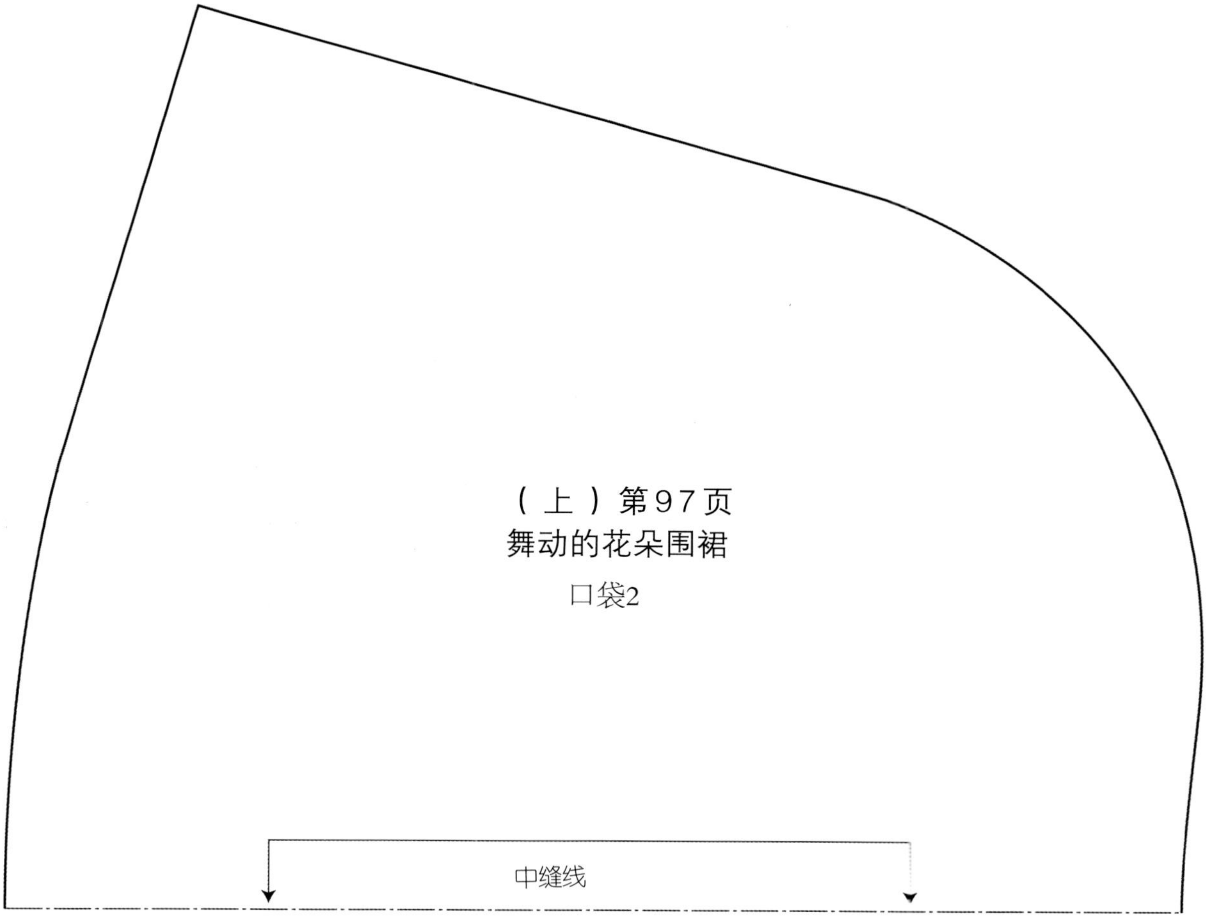
（上）第97页
舞动的花朵围裙
口袋2
中缝线

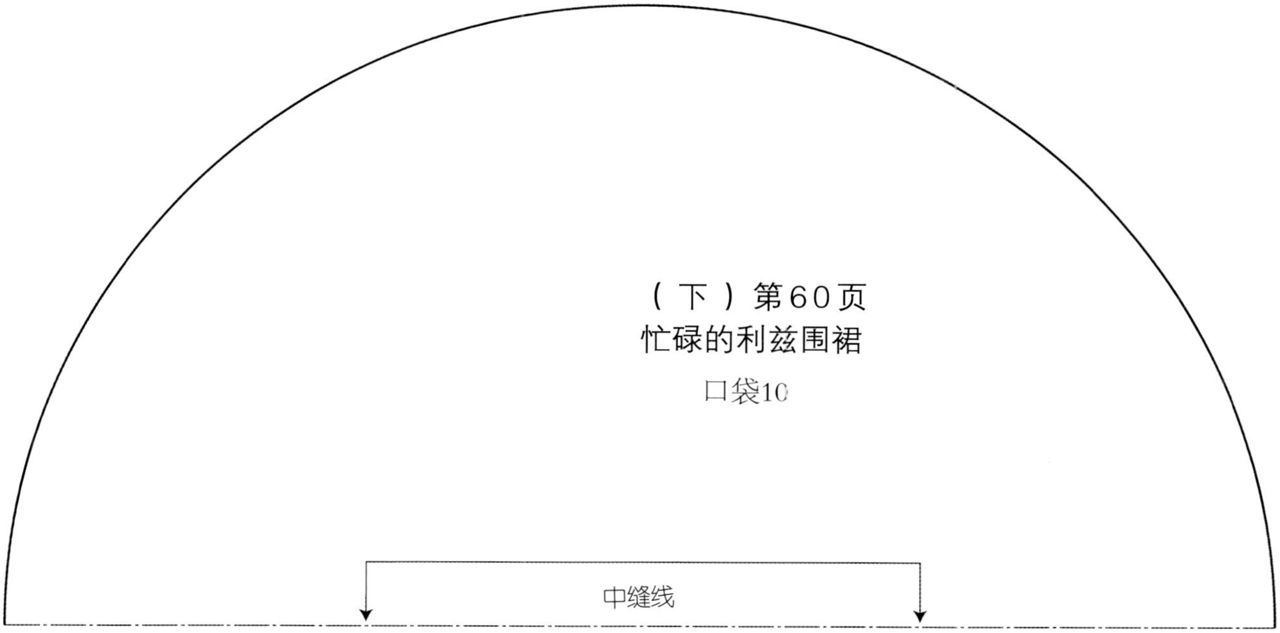
（下）第60页
忙碌的利兹围裙
口袋10
中缝线

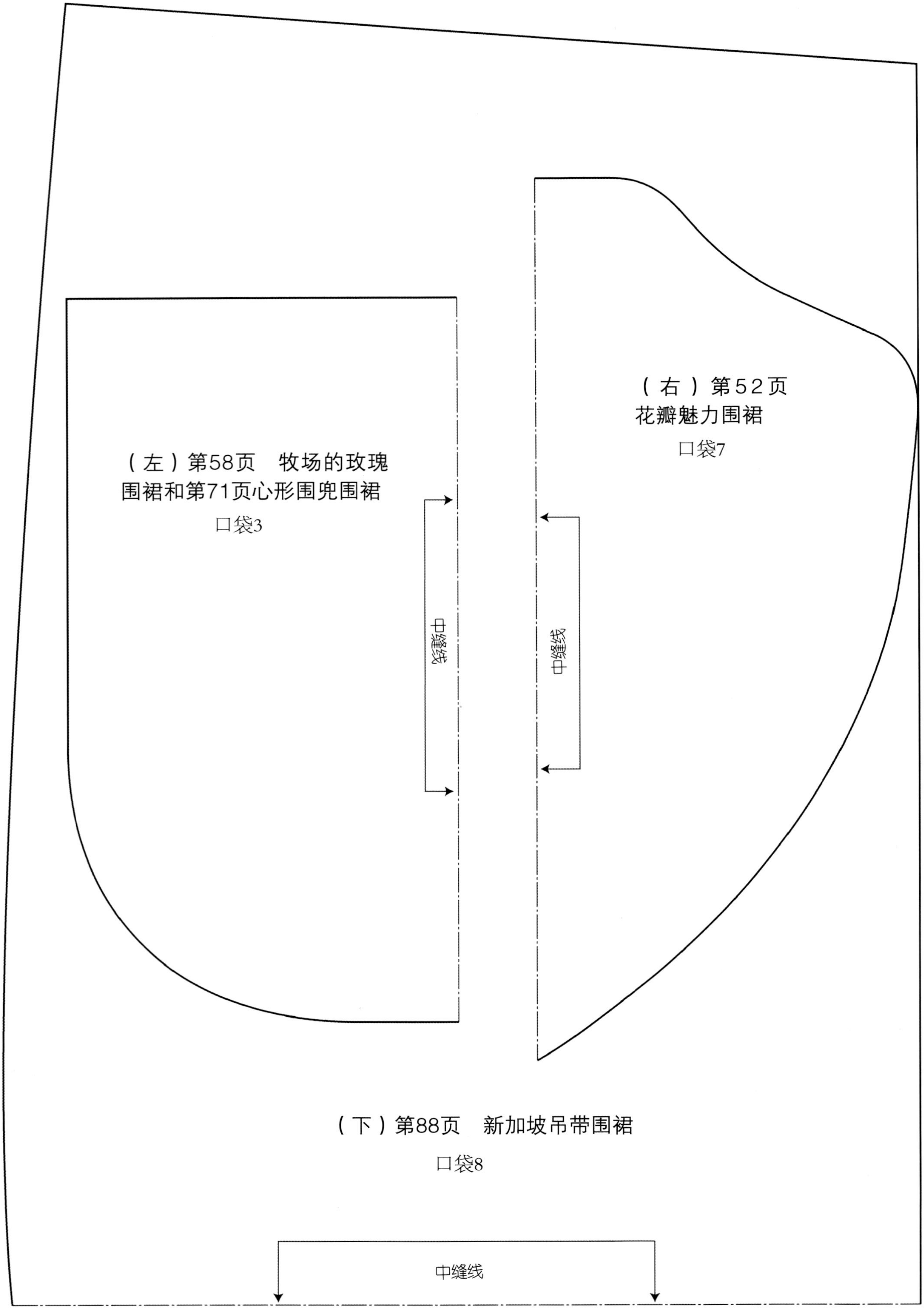
（左）第58页　牧场的玫瑰
围裙和第71页心形围兜围裙
口袋3
中缝线
（右）第52页
花瓣魅力围裙
口袋7
中缝线
（下）第88页　新加坡吊带围裙
口袋8
中缝线

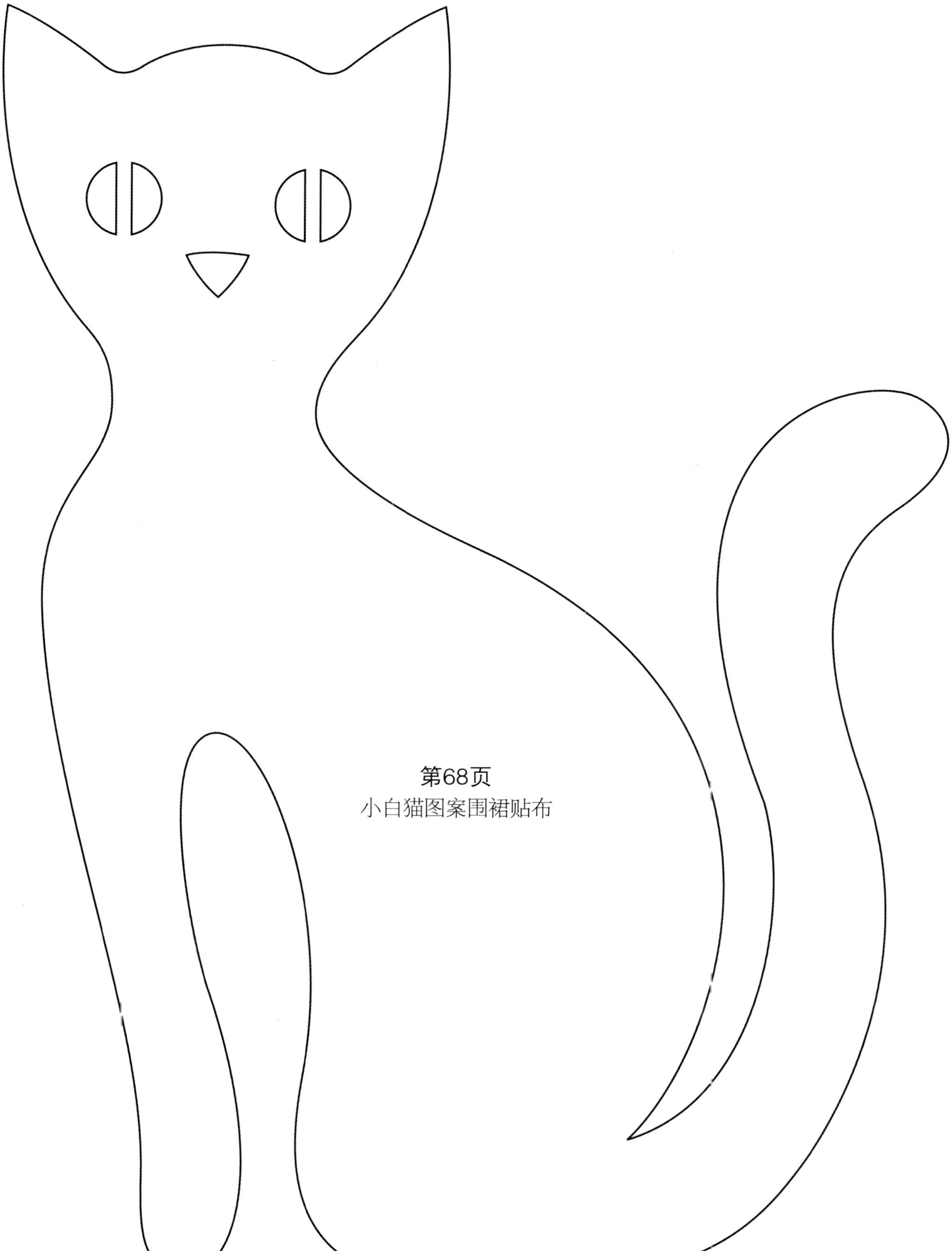
第68页
小白猫图案围裙贴布

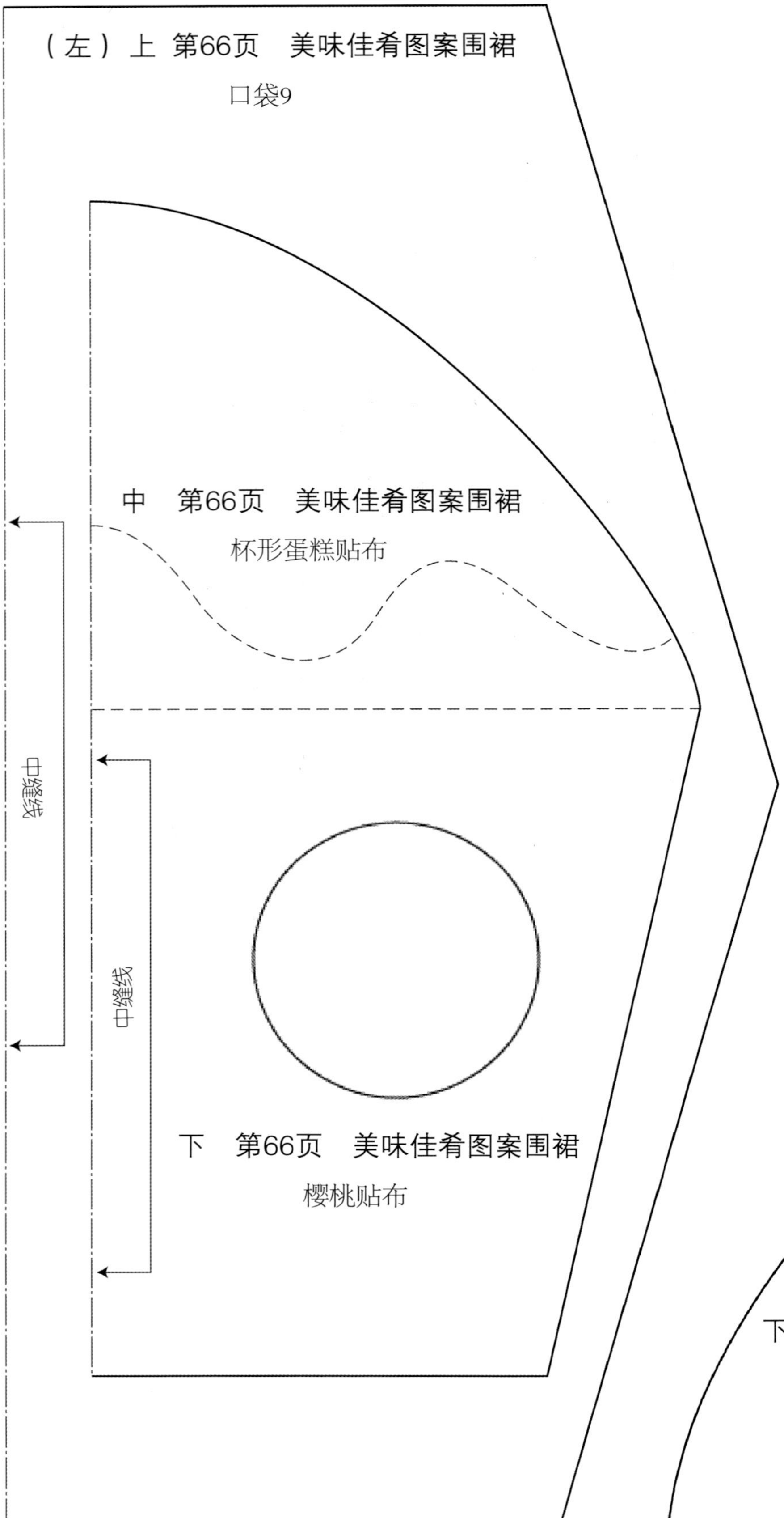
（左）上 第66页 美味佳肴图案围裙
口袋9
中 第66页 美味佳肴图案围裙
杯形蛋糕贴布
下 第66页 美味佳肴图案围裙
樱桃贴布
中缝线
中缝线

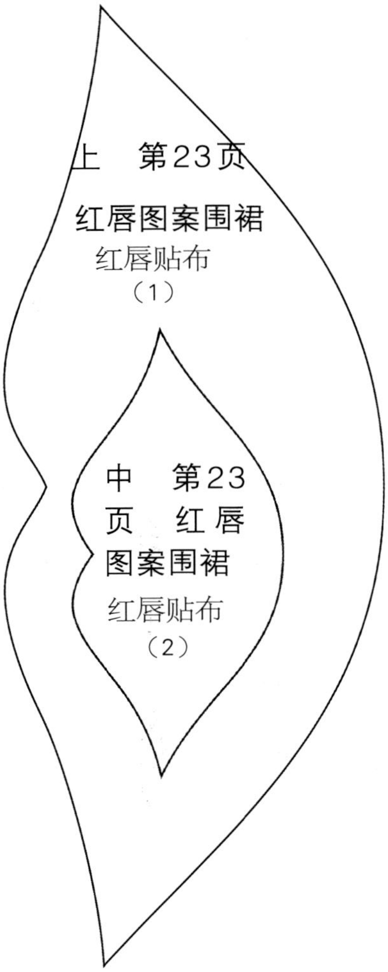
上 第23页
红唇图案围裙
红唇贴布
（1）
中 第23页 红唇图案围裙
红唇贴布
（2）

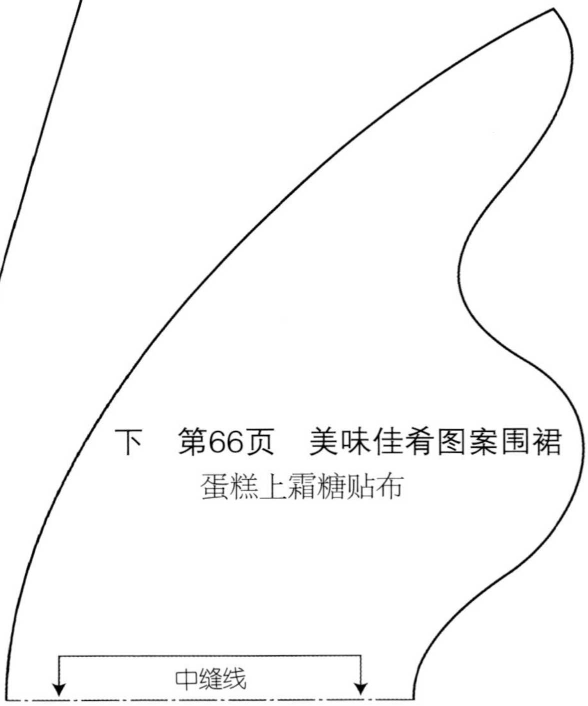
下 第66页 美味佳肴图案围裙
蛋糕上霜糖贴布
中缝线

上　第63页　家庭主角围裙

茶壶贴布

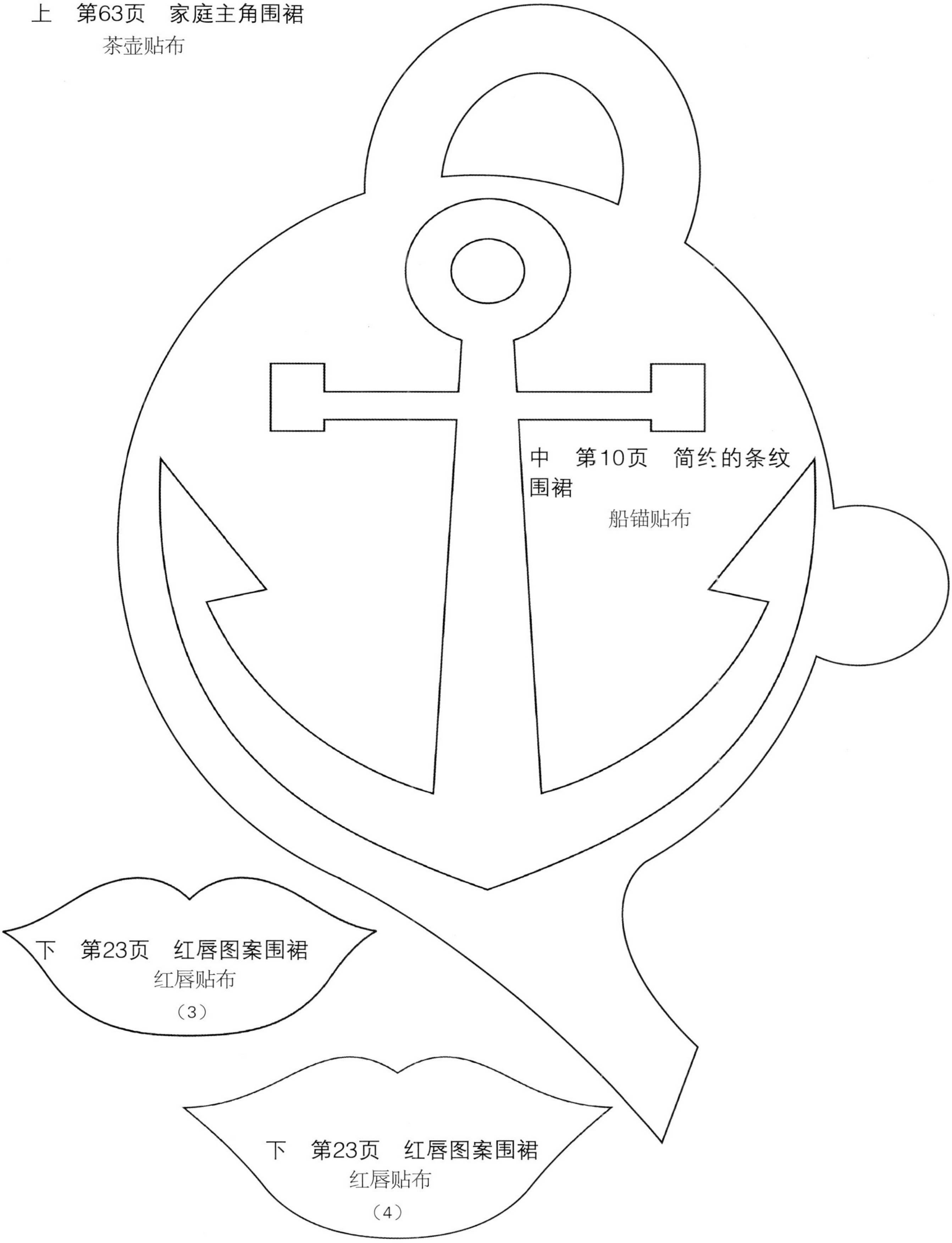

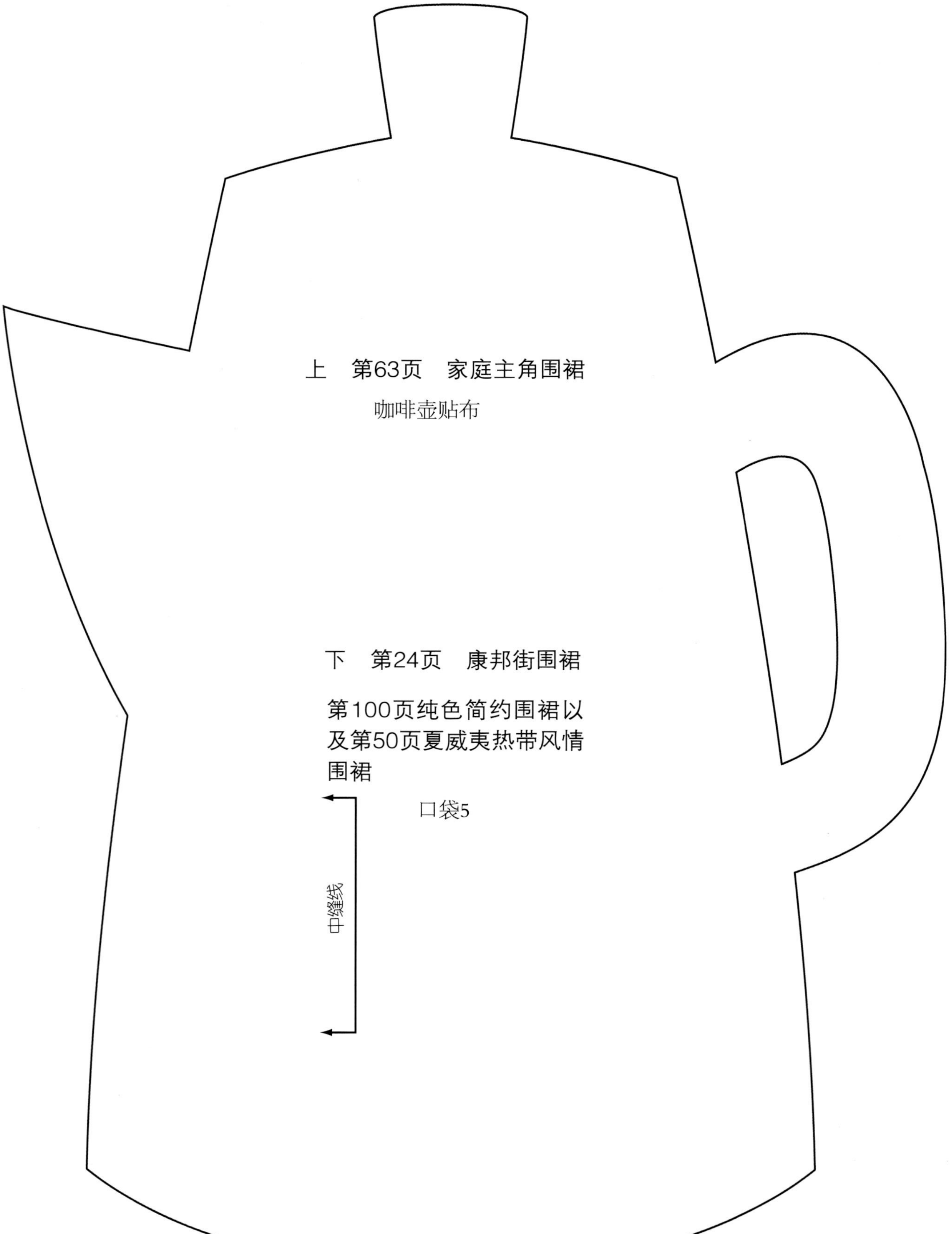
上　第63页　家庭主角围裙
咖啡壶贴布
下　第24页　康邦街围裙
第100页纯色简约围裙以及第50页夏威夷热带风情围裙
口袋5
中缝线

▶

请沿此虚线剪下，传真或直接寄回

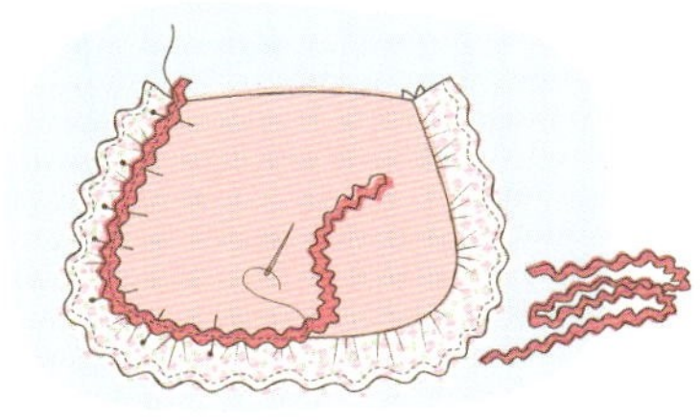

精美围裙自己做

4 5 0 0 0 2

寄：郑州市经五路66号

河南科学技术出版社对外合作部　收

读者回函表

花一点点时间，寄回您的宝贵意见，感谢哦！

亲爱的读者，您好！感谢您对本书的关注！为了给您提供更多更好的手工类图书，我们渴望知道您的想法，这是一块完全属于读者的园地，请不要客气。留下您的宝贵意见，要记得寄回来哦！

购买书籍名称：

读者资料

姓 名： 性 别：□ 女 □ 男

联系电话(手机/座机)： 职 业：

电子信箱：

想听听您对本书的意见

1.您是从哪里买到本书的呢？

□ 新华书店 □ 超市 □ 网站 □ 地铁站、机场、火车站

□ 其他（请注明）

2.您对本书的总体印象是：

□ 非常满意 □ 比较满意 □ 一般 □ 不太满意

□ 其他（请注明）

3.您最想购买关于哪方面的手工书？

□ 编织 □ 拼布类 □ 纸艺类 □ 串珠

□ 家居布艺 □ 皮革创作 □ 其他（请注明）

4.您会继续购买本系列相关书籍吗？

□ 会 □ 不会

为什么?

5.您可以接受手工书的价位为：

□ 15～25元 □ 26～33元 □ 34～45元 □ 14元以下

□ 其他（请注明）

6.本书您喜欢的是：

□ 封面 □ 书名 □ 版式

□ 内容 □ 作者 □ 印刷

□ 其他（请注明）

7.您对本书或者本公司有什么建议？

说明：

回函邮箱：henankeji2009@163.com 传真：0371-65727616

kaka 手工生活

www.diytimes.com